KB233484

정보처리기술사

데이터베이스 3.0

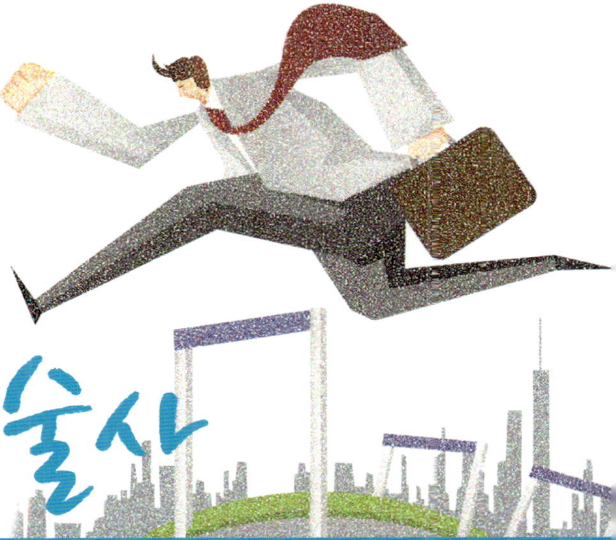

정보처리기술사

데이터베이스 3.0

세리기술사회 | www.serigisulsa.com

| 임호진 · 김명애 지음 |

정보처리기술사
데이터베이스
3.0

특장점

최근 합격 패러다임의 전달

* 본 책은 데이터베이스 전체 구조에 대한 설명과 정보처리

    기술사를 학습하는 초보자를 위한 동영상을 포함

* 각 주제별 예상문제를 제시하여 학습의 방향성을 제시

* 최근 정보처리기술사의 서브노트를 제시 및 세리 정규

    모의고사 풀이집 포함

저자 임호진. 김명애

저자소개
임호진

(現) SPE 기술사 컨설팅 CEO,서울산업대학교 박사수료
(現) 한국공인감리단 비상근 감리원
　　IBM 컨설팅서비스 차장, 동양종합금융증권 과장
74회 정보관리기술사, 수석감리원, PMP, ITIL,
MCSE, CCP, 투자상담사, 교원자격
메일 limhojin@lycos.co.kr 전화 010-9043- 5223

경력
- IBM SCS: 건강보험심사 평가원 차세데 데이터웨어하우스 컨설팅
- 동양종합금융증권: 차세대 금융시스템(ISP/EA/SOA), 홈 트레이딩
  시스템, 고객접점 CRM, 온라인 경영정보시스템 외 다수
- 건강보험심사 평가원 차세대 DW 컨설팅
- 일본 NTT Data, NTT DoCoMo CTI 프로젝트
- 토지거발공사, 소방방재청 외 다수 감리

강의
- 정보처리기술사 수검전략, 경영, 소프트웨어 공학, 데이터베이스,
  네트워크, 컴퓨터 구조, 보안 등 전 부분 강의(6년)
- 삼성전자: 소프트웨어 분석설계 강의
- 비트컴퓨터: 소프트웨어 공학 강의
- 중소기업협회: 정보시스템 보안 강의
- 행자부: IT 프로페셔널, IT 최신 기술 강의

저서
- 정보처리기술사를 위한 IT 산업 정보시스템
- 정보처리기술사 수검전략(세리기술사회에서 추천하는)
- 정보처리기술사 디지털 데이터 매니지먼트
- 정보처리기술사 기출문제 해설집
- 정보처리기술사 제86회 기출문제 해설집
- 정보처리기술사 합격전략서
- 정보처리기술사 핵심문제 해설집 1편, 2편
- 정보시스템감리사 합격전략서
- 정보시스템감리사 기출문제 해설집
- Advanced Oracle Database 활용과 튜닝
- 고성능 데이터베이스 구축 방법론
- CEO의 관점으로 IT를 바라보자
- FP를 활용한 소프트웨어 비용산정 기법
- IT 투자평가 프로세스

수상
- 총기 전산화 시스템 구축으로 사단장 표창
- MMDB 구축 사례 공모전 대상

논문
- 추계 IT 서비스 학회: 금융권 EA기반의 SA 구축
- 대한 산업공학회: 금융권 MMDB 구축 사례

저자소개
김명애

(現) 육군 중앙경리단 전산처 사무관
　　IT- PMP 출제위원
　　89회 정보관리기술사, IT- PMP, ITA/EA
메일 kma5801@naver.com 전화 010-5088-1843

경력
- 육군 군수업무, 인사업무, 급여업무 개발 및 운영
- 소프트웨어경진대회 수상: 연말정산 시스템 개발
- 군 자체 프로젝트 감리 수행

강의
- 정보처리기술사 수검전략, 경영, 소프트웨어공학, 데이터베이스, 네트워크,
  컴퓨터 구조, 보안 등 전 부분 강의
- 국방대학 사업관리 과정 강의

본 책은 정보처리기술사 학습에 중요한 과목인 데이터베이스에 대해서 설명하고 데이터베이스에 대한 기본적인 이해, 기술사들의 답안정리 방법, 데이터베이스 관련 최근 기출문제 풀이 등을 포함한다.

또한 본 책은 각 주제별 상세한 해설과 키워드를 제시하고, 향후 출제가 가능한 예상 문제를 제시한다.

◆ 정보처리기술사 관련 세리 기술사 핵심 커뮤니티
 – www.seirigisulsa.com
 – www.seri.org/forum/gisulsa
◆ 정보시스템감리사 관련 세리 감리사 핵심 커뮤니티
 – www.serigamrisa.com
   e– mail: limhojin@lycos.co.kr 및 limhojin123@paran.com
   HP: 010– 9043– 5223

본 책은 정보처리기술사 데이터베이스 부분의 모든 내용을 포함하고 있으므로 이 책을 통해서 제대로 학습한다면, 최소 데이터베이스로 불합격하지는 않을 것이다. 그러므로 여러 자료보다 본 책을 중심으로 집중 학습하기를 바란다.

 본 책은 정보처리 기술사 수험에서 가장 중요하고 기본이 되는 데이터베이스에 대해서 다루고 있다. 본 책은 꼭 정보처리 기술사 학습을 위한 책은 아니며 기업의 정보시스템의 기본이 되는 데이터베이스의 모든 부분을 다루고 있다.

 그러므로 본 책을 충분히 이해하고 학습하면 실제 자신이 하고 있는 일에서 충분히 활용할 수 있고 보다 효과적이고 효율적인 데이터베이스를 구축하고 운영할 수가 있을 것이다. IT 업계에서 데이터베이스를 잘하는 사람은 너무 많다. 하지만 그 내막을 알고 보면 데이터베이스를 잘하는 것이 아니라 데이터베이스 관리 시스템을 잘하는 것이다. 즉, ORACLE, SQL- SERVER, SYBASE 등의 데이터베이스 관리 시스템에 대해서는 전문가가 많이 있지만 정말 가장 중요한 데이터베이스의 이론과 설계를 잘하는 사람은 생각보다 드물다. 간단한 예로 '데이터 모델러'라고 이야기 하는 사람들 중에서 대부분은 관계형 데이터베이스의 기본인 정규화에 대해서 정확히 알고 있는 사람은 거의 없다고 생각해도 틀리지 않을 것이다.

 이러한 배경에서 본 책은 기본으로 돌아가서 생각한다. 이것은 정보처리 기술사 학습에서도 중요하지만 실제 프로젝트에서 혹은 데이터베이스 운영 측면에서 더욱더 중요하다.

 그러므로 이 책을 계기로 독자 여러분은 데이터베이스의 개념과 데이터베이스의 설계 그리고 데이터 웨어하우스에 대해서 정확한 지식을 학습하고 이러한 지식이 자신의 일에 어떤 부분인지를 생각해 보라. 그러면 독자 여러분은 정보처리 기술사 자격 취득과 더불어 진정한 데이터베이스 모델러로서 한층 더 성숙된 모습을 가지게 될 것이다.

그리고 본 책을 학습하는 도중에 이해되지 않는 부분이 있거나 정보처리 기술사 관련 수험에 어려운 점이 있으면 언제든지 www.serigisulsa.com으로 연락 바란다. 사람은 자신이 생각하는 크기만큼 될 것이다. 그러므로 독자 여러분도 이 책과 정보처리기술사 시험을 계기로 생각의 크기를 크게 가지기 바란다.

제74회 정보관리기술사 임호진

본 책은 정보처리기술사 데이터베이스 부분의 내용을 기본에 충실하게 작성되어 있다.

정보처리기술사를 준비하는 예비기술사들은 데이터베이스 관련하여 경험이 충분한 분도 있지만 데이터베이스를 접해 보지 않은 수험생도 있다.

데이터베이스를 접해 보지 않은 수험생도 쉽게 접근할 수 있도록 기본과정, 용어 등을 쉽게 설명하였고, 본 책을 통해서 학습한다면 데이터베이스 전 분야에 대해서 학습할 수 있을 것이며 간접경험을 통하여 데이터베이스를 경험할 수 있다.

데이터베이스 관련 경험이 충분한 수험생도 기초부터 학습하여 탄탄한 기반의 학습을 할 수 있다.

기본학습, 기출문제를 상세히 풀이해 놓았으므로 기출문제를 중심으로 예상문제를 수록해 놓았으므로 예비기술사들은 본 책만 성실히 학습한다면 데이터베이스 분야는 고득점이 예상된다.

제89회 정보관리기술사/IT- PMP 김명애

■ 이 책의 특징

본 책의 STEP 1은 데이터베이스의 기본구조와 중앙 집중형 데이터베이스와 분산 데이터베이스를 다루고 있으며 또한 기업에서 데이터베이스를 사용하는 다양한 방법을 설명한다. 기업에서 데이터베이스를 연동하는 방안은 본 책에 나와 있는 방법을 기본으로 다양하게 응용이 가능하다.

STEP 2는 데이터베이스 모델링의 전 부분을 다루고 있다. 즉, 요구사항을 분석하고 개념적, 논리적, 물리적 모델링을 다루고 있으며 이 부분이 데이터베이스의 핵심이 된다. 그러므로 이 부분은 집중 학습이 필요하다. 또한 STEP 2의 마지막에는 BSC(Balanced Scored Card)의 데이터 모델링을 예제로 설명한다.

STEP 3는 트랜잭션은 무엇이며 여러 사용자가 데이터베이스를 사용 할 때 발생하는 동시성제어 기법을 이야기한다. 또한 트랜잭션 장애 시에 트랜잭션을 복구하는 방법과 데이터베이스 관련 기본 자료구조를 학습한다.

STEP 4는 대용량 데이터베이스를 구축하는 데이터 웨어하우스와 이를 활용하는 OLAP, Data Mining의 기본개념과 기법들을 설명한다.

STEP 5는 데이터베이스 응용으로 최근 금융권에서 사용하고 있는 MMDB 그리고 XML 문서를 관리하기 위한 XML DB, 또한 멀티미디어, 임베디드, 공간 데이터관리(GIS)에 대해서 전반적으로 설명하고 있다. 이 책에서는 작은 사항 하나라도 꼼꼼히 학습해야 한다. 충분히 학습해서 정보처리기술사 시험을 준비하기 바란다.

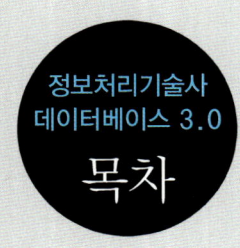

3
STEP

데이터베이스의 기본적인 기능

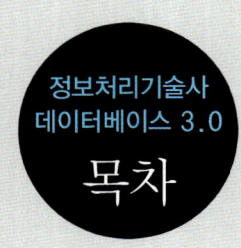

STEP 1

사용자 중심의 데이터베이스 구성

본 장에서는 데이터베이스 구성에 대해서 알아보자. 데이터베이스에 대해서 상호 간의 독립성을 제공하는 3층 스키마에 대해서 알아보고 실제 물리적인 시스템 구축 시에 결정해야 하는 중앙 집중형과 분산 데이터베이스 시스템에 대해서 알아본다. 분산 데이터베이스는 고객에게 투명성을 제공해야 한다. 즉, 고객 입장에서는 시스템은 하나의 모습으로 보여야 한다는 것이다. 끝으로 실제 데이터베이스를 사용할 때 데이터베이스를 연동하는 CGI, 응용서버, DB 미들웨어, WAS에 대해서 알아보자.

- 3층 스키마 및 독립성의 종류를 학습한다.
- 분산 데이터베이스가 제공하는 투명성의 종류 및 데이터 모델링 접근 방법을 학습한다.
- 2PC의 필요성과 2PC의 원리 및 문제점을 학습한다. • 원격 데이터베이스 연동방안의 장단점을 학습하고 실제 기업에서 사용하는 방법과 비교한다.

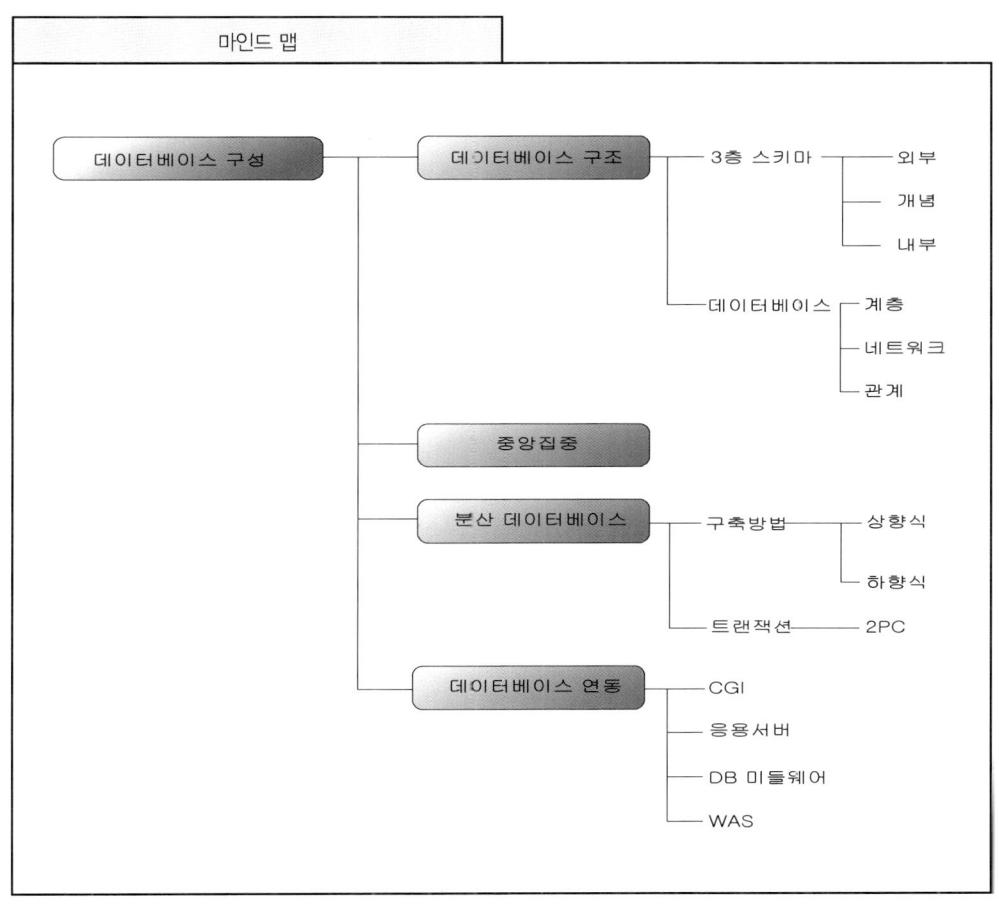

마인드 맵

데이터베이스 구성

데이터베이스 구조 ─┬─ 3층 스키마 ─┬─ 외부
                                  ├─ 개념
                                  └─ 내부
                 └─ 데이터베이스 ─┬─ 계층
                                  ├─ 네트워크
                                  └─ 관계

중앙집중

분산 데이터베이스 ─┬─ 구축방법 ─┬─ 상향식
                             └─ 하향식
                 └─ 트랜잭션 ── 2PC

데이터베이스 연동 ─┬─ CGI
                 ├─ 응용서버
                 ├─ DB 미들웨어
                 └─ WAS

데이터베이스 구조에서 데이터베이스의 시스템적인 구조와 데이터베이스 독립성을 지원하기 위한 3층 스키마, 계층형 데이터베이스, 네트워크형 데이터베이스 그리고 관계형 데이터베이스에 대해서 알아 보자.

1) 데이터베이스의 시스템 구성

먼저, 데이터베이스의 시스템적인 구조에 대해서 알아보자. 데이터베이스의 시스템적인 구조란 데이터베이스 관리 시스템의 구성을 의미하며 데이터베이스 관리 시스템은 기업에서 많이 쓰고 있는 Oracle, Sybase, DB2, SQL Server 등의 특정 벤더의 데이터베이스 관리 시스템을 의미한다.

각 벤더의 제품마다 데이터베이스 관리 시스템의 구성은 다소 차이가 있으나 전체적인 관점에서 볼 때 데이터베이스를 공유하고 데이터를 저장, 백업 및 복구하는 기능은 모두 수행한다.

[그림 1] 데이터베이스 관리 시스템의 구성

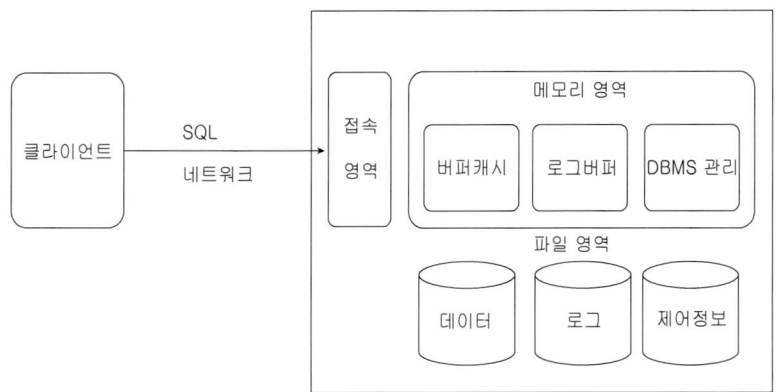

데이터베이스 관리 시스템은 앞의 그림처럼 구성되어 있다.

즉, 데이터베이스 관리 시스템은 고객 즉, 클라이언트의 접속을 담당하는 접속영역과 메모리 영역 마지막으로 전체 데이터와 로그파일 및 제어정보를 저장하는 파일영역으로 이루어진다. 이러한 기본 구성은 어떤 벤더의 제품이든 거의 동일하다.

접속영역은 클라이언트와 접속을 수행하며 신뢰성 있는 연결을 지원하는 TCP접속을 지원한다. 접속영역은 클라이언트에서 데이터베이스 관리 시스템에 접속해서 SQL를 실행하여 데이터베이스에 삽입, 삭제, 수정, 조회의 작업을 처리한다.

메모리 관리 영역은 데이터를 보관하는 버퍼캐시 영역과 변경된 정보를 가지는 로그버퍼 그리고 데이터베이스 관리 시스템에서 사용하는 DBMS관리로 나누어진다.

이러한 메모리 영역은 파일영역의 물리적 파일과 매칭된다. 즉, 버퍼캐시 메모리는 데이터 파일과 로그버퍼 메모리는 로그파일과 매칭되며 마지막으로 제어 파일은 데이터베이스의 동기화 정보(Check Point) 및 데이터 파일과 로그 파일 등에 대한 위치정보를 보관한다.

이 밖에도 데이터베이스 관리 시스템이 기동 시에 사용되는 파라메타 파일이 있으며 이 파일은 데이터베이스가 기동할 때 각 메모리 영역의 공간은 몇 메가(Mega)로 하고 데이터베이스 관리 시스템을 운영하기 위한 프로세스는 몇 개를 기동할지 등에 대한 정보를 가지고 있다.

아마 지금까지 설명한 내용은 이미 많은 독자들은 알고 있는 내용일 것이다. 하지만 이 내용은 물리적 모델링과 데이터베이스 튜닝 부분에 필요한 기본적인 내용이므로 다시 한 번 기억하기 바란다.

2) 데이터베이스 3층 스키마

그럼 지금부터는 데이터베이스에 독립성을 지원하는 3층 스키마에 대해서 알아보자.

먼저 데이터베이스 독립성의 의미와 데이터베이스가 지원하는 독립성의 유형에 대해서 살펴본다.

데이터베이스 독립성의 유형에는 물리적 데이터베이스 독립성과 논리적 데이터베이스 독립성으로 나누어진다. 이러한 독립성을 지원하는 것이 3층 스키마라는 것이다.

물리적 데이터베이스 독립성은 저장장치가 변경 되어도 응용 프로그램 및 3층 스키마의 하나인 개념 스키마에 아무런 영향을 발생 시키지 않는 것이다. 논리적 데이터베이스 독립성은 데이터베이스의 논리적 구조가 변경되어도 응용 프로그램에 변화가 없는 것을 의미한다.

〈표 1〉 데이터베이스 독립성의 유형

독립성의 유형	주요 내용
물리적 데이터 독립성 (Physical Data Independency)	– 데이터베이스의 저장구조가 변경되어도 응용 프로그램이나 개념적 스키마에 영향을 미치지 않는 특성 – 내부 스키마가 변경되어도 외부 스키마와 개념 스키마에 영향이 없음
논리적 데이터 독립성 (Logical Data Independency)	– 데이터베이스의 논리적 구조가 변경되어도 응용 프로그램에 영향이 없는 특성 – 개념적 스키마가 변경되어도 최상위 외부 스키마에 영향 없음

그러면 이러한 데이터베이스 독립성을 지원하는 3층 스키마에 대해서 알아보자.

[그림 2] 3층 스키마

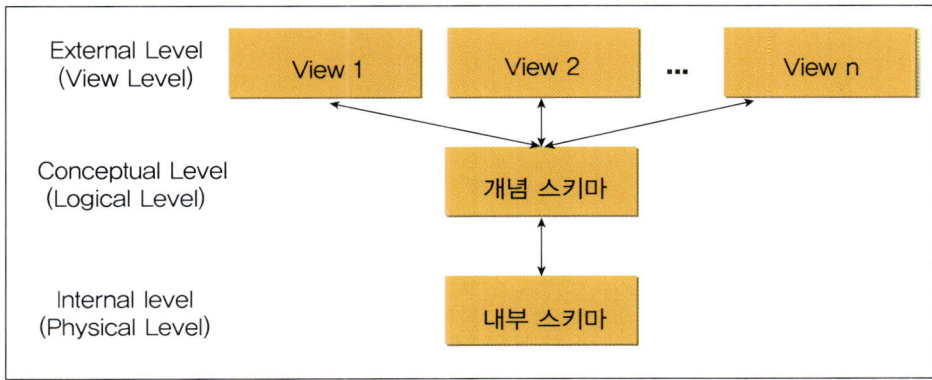

3층 스키마는 데이터베이스를 관점에 따라 3개의 계층으로 분리하여 데이터베이스 사용자에게 내부적으로 복잡한 데이터베이스의 구조를 단순화 시키고 데이터베이스의 독립성을 지원하기 위해서 미국의 국립 표준화 기관인 ANSI/SPARC(American National Standards Institute/System Planning And Requirements Committee)에서 정의 계층구조이다.

3층 스키마는 관점에 따라 3가지 계층으로 나누어지며 첫 번째 사용자 관점의 외부단계(External Level), 전체적인 관점의 개념단계(Conceptual Level)와 물리적인 저장장치 관점인 내부단계(Internal Level)로 분리된다.

〈표 2〉 3층 스키마

3층 스키마	주요 내용
외부레벨/외부 스키마	– 사용자 관점 또는 사용자 뷰(User View)를 표현 – 업무상 관련이 있는 데이터만 접근(권한 설정) – 관련된 데이터베이스의 일부만 표시(View)
개념레벨/개념 스키마	– 사용자 전체 집단에 데이터베이스의 구조를 표현 – 전체 데이터베이스 내의 모든 데이터에 관한 규칙과 의미를 묘사함
내부레벨/내부 스키마	– 데이터베이스의 물리적 저장구조 – 데이터 저장구조, 레코드의 구조, 필드의 정의, 색인과 해싱 – 운영체제와 하드웨어에 종속적

데이터베이스 스키마는 계층에 따라 개발자, 관리자, 사용자의 영역 구분에 따른 변경이 가능하고 데이터 정의에 대한 표준적인 접근으로 데이터베이스 전체의 유연성을 높이고 사용이 용이하다는 장점이 있다.

3) 데이터베이스의 유형

우리는 대부분 관계형 데이터베이스만을 사용한다. 그렇기 때문에 데이터베이스에는 관계형 데이터베이스만 있는 것으로 알고 있는 분도 많이 있다. 물론 저자도 관계형 데이터베이스만 경험이 있다.

하지만, 데이터베이스에는 관계형 데이터베이스와 더불어 트리(Tree)를 기반으로 하는 계층형 데이터베이스와 그래프를 활용한 네트워크형 데이터베이스가 존재한다.

[그림 3] 계층형 데이터베이스

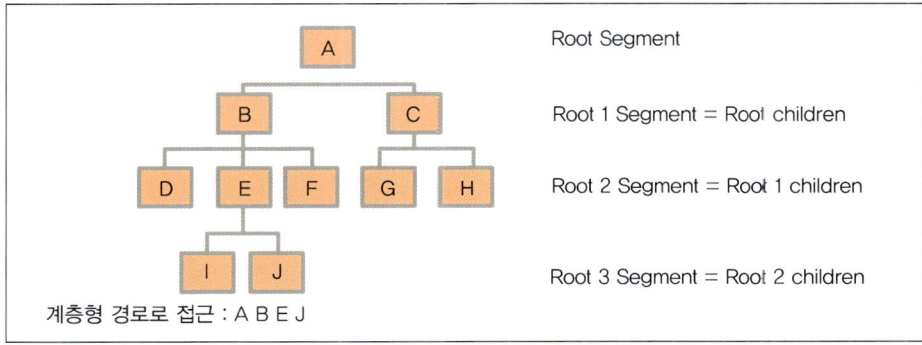

계층형 데이터베이스는 자료구조의 트리를 활용하여 데이터를 표현하는 방식으로 두 노드 사이의 한 개의 링크만 존재하고 1:N 관계는 표현이 가능하지만 M:N를 표현하기가 곤란하고 M:N을 표현하기 위해서는 두 개의 구조를 만들어야 한다.

[그림 4] 네트워크형 데이터베이스

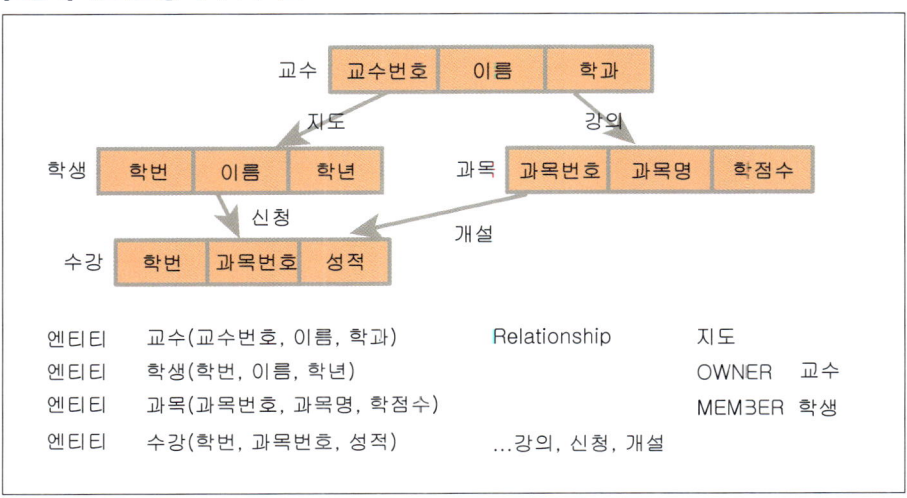

네트워크형 데이터베이스는 계층형 데이터베이스의 트리 구조가 아니라 그래프를 활용하여 데이터를 표현하는 구조이며 Owner- Member 관계로 표현된다. 네트워크형 데이터베이스의 장점은 1:1, 1:N, M:N 구조를 표현할 수 있어서 링크 표현에 제약이 없다.

[그림 5] 관계형 데이터베이스

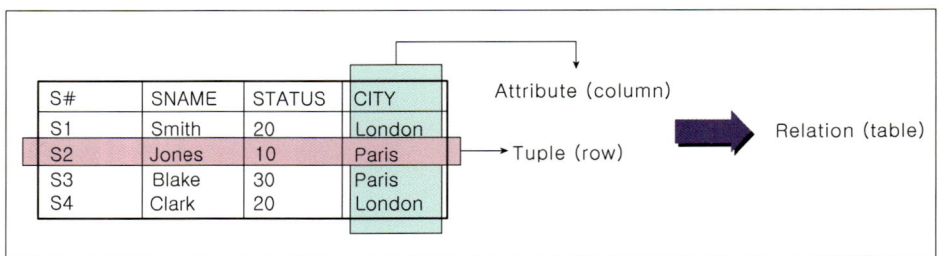

관계형 데이터베이스는 1970년대 E. F. Codd 박사가 수학적 원리를 이용해서 제시한 모형으로 실세계의 정보를 2차원 테이블을 활용하는 형태의 데이터베이스이며 현재 대부분의 데이터베이스는 관계형 데이터베이스이다.

관계형 데이터베이스의 장점 중에 하나는 테이블과 테이블간의 연결이 가능하고 이러한 것을 릴레이션(Relation)이라고 하며 릴레이션을 통해 테이블과 테이블을 연결하는 연산을 조인(Join)이라고 한다.

[그림 6] 관계형 데이터베이스의 연산

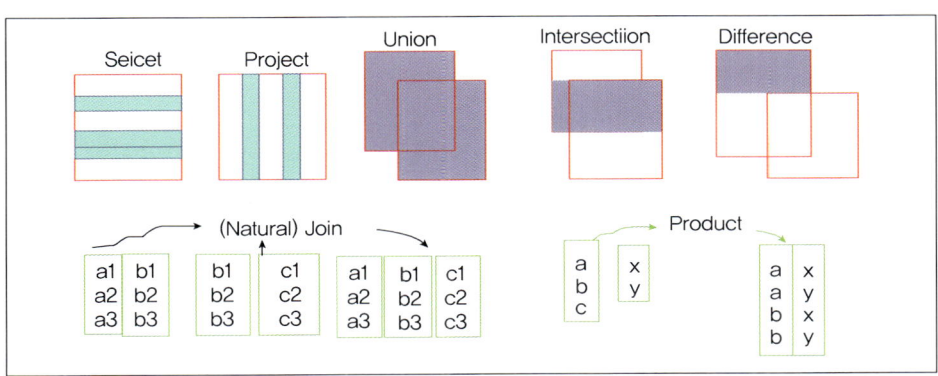

또한 관계형 데이터베이스는 테이블을 대표하는 기본키(Primary Key), 기본키의 조건인 최소성과 유일성을 만족하는 후보키(Candidate Key), 최소성은 만족하지 않지만 유일성을 만족하는 수퍼키(Super Key), 기본키를 대체할 수 있는 대체키(Alternate Key), 어느 한 릴레이션의 속성의 집합이 다른 릴레이션에서 기본키로 이용되는 외래키(Foreign Key)가 존재한다.

〈표 3〉 관계형 데이터베이스의 키의 종류

키의 종류	주요 내용
기본키(Primary Key)	– 여러 개의 후보키 중에서 하나를 선정하여 테이블을 대표하는 키
후보키(Codidate Key)	– 키의 특성인 우일성과 최소성(NOT NULL)을 만족하는 키
수퍼키(Super Key)	– 유일성은 만족하나 최소성을 만족하지 않는 키
대체키(Alternate Key)	– 여러 개의 후보키 중에서 기본키로 선정되고 남은 나머지 키 (즉, 기본키를 대체할 수는 키)
외래키(Foreign Key)	– 어느 한 릴레이션 속성의 집합이 다른 릴레이션에서 기본키로 이용되는 키

대부분의 기업은 관계형 데이터베이스를 사용하지만 이러한 관계형 데이터베이스도 복잡한 현실세계를 표현하기 위해서는 다소 문제가 있다.

관계형 데이터베이스는 다중값 속성 및 M:N 관계의 해소가 필요하며 이러한 해소는 과도한 관계의 증가로 인하여 데이터베이스의 조인의 증가를 가져온다. 또한 데이터를 저장하는 애트리뷰트 정형화된 값의 데이터만 가능하므로 현실 세계의 비정형 데이터를 관리하기에는 문제점을 가지고 있으며 객체지향 기반의 소프트웨어와 데이터 모델의 불일치 문제를 가진다.

이러한 관계형 데이터베이스의 문제점을 해결하고 복잡한 현실 세계를 데이터베이스화할 수 있는 객체지향 데이터베이스 관리 시스템(Object- Oriented Database Manage-ment System)가 필요하게 되었다. 객체지향 데이터베이스 관리 시스템은 실 세계의 객체를 관리대상으로 하며 객체는 상태(State), 형태(Behavior), 관계(Relationship)이 정의된 객체의 집합이다. 그럼 객체지향 데이터베이스 관리 시스템의 기본개념을 알아보자.

〈표 4〉 객체지향 데이터베이스 관리 시스템의 기본개념(SE 부분 참조)

기본개념	주요 내용
인스턴스와 클래스 (Instance, Class)	– 인스턴스는 클래스의 구성원 객체 – 클래스는 공통적인 특성을 소유한 객체들을 그룹화
클래스 계층 (Class Hierarchy)	– 클래스간 계층구조를 형성
상속 (Inheritance)	– 클래스 계층구조를 형성하는 상·하위 클래스 간에, 하위클래스가 상위 클래스의 속성을 계승
상세화와 일반화 (Specialization, Generalization)	– 상세화: 하위 클래스의 고유한 속성을 정의 – 일반화: 유사한 특성을 묶어 상위 클래스로 정의(일반화와 상세화는 서로 반대되는 개념)
집계화 (Aggregation)	– 부품이 조립되어 하나의 객체를 구성하는 특성

객체지향 데이터베이스 관리 시스템을 도입하기 위해서는 우선 기존의 관계형 데이터 베이스 관리 시스템이 지원하는 대부분의 기능이 모두 수용되어야 할 것이다. 하지만 아직 까지는 객체지향 데이터베이스 관리 시스템은 그러한 기능에 대해서 미비하다. 그렇게 때 문에 관계형 데이터베이스 관리 시스템과 객체지향 데이터베이스 관리 시스템 간의 장점을 결합한 객체관계(Object- Relationship) 데이터베이스 관리 시스템이 추진되었다.

객체관계 데이터베이스 관리 시스템 기존의 관계형 데이터베이스 관리 시스템에 객체 지형 모델링 기능을 추가 하여서 관계형 데이터베이스 관리 시스템과 객체지향 데이터베 이스 관리 시스템의 문제점을 해소하였다.

즉, 객체관계 데이터베이스 관리 시스템은 기존의 관계형 데이터베이스 관리 시스템에 멀티미디어 데이터 지원 기능, 사용자 정의 데이터 타입, 사용자 정의 함수, 대형 객체타 입(Large Object)의 기능이 추가된 것이다.

〈표 5〉 RDBMS와 OODBMS의 차이점 분석

구 분	RDBMS	OODBMS
개 념	- 테이블, 속성, 레코드, 도메인으로 구성	- 클래스, 인스턴스, 상속성, 객체 식별자로 구성
장 점	- 대용량 데이터 관리에 성능, 안정성 우수 - SQL 표준제공	- 사용자정의 데이터 타입 지원 - 복합객체 표현 - 객체 식별자를 통한 무결성 관리
단 점	- 제한적인 데이터 타입 - 복합객체 표현이 어렵과 무결성 관리가 어려움	- 질의어, 모델링 도구의 부족 - 표준화 작업 부족 - 속도 및 OODBMS로 이전 문제

- ORDBMS는 위의 RDBMS와 OODBMS의 장점을 결합하면 된다.

문제〉	데이터 추상화를 정의하고, 데이터베이스에서 이 추상화를 어떻게 실현하는지를 설명하시오.		
카테고리	데이터베이스 〉 특징	난이도	하

[문제풀이]

1. 데이터에 대한 조작을 효과적으로 수행하기 위한 데이터 추상화의 개요

가. 데이터 추상화(Data Abstraction)의 정의
- 현실세계의 사물을 개념화, 단순화 하고 데이터적인 측면과 기능적인 측면으로 분리 정의하여 데이터에 대한 조작을 효과적으로 수행할 수 있는 수단을 제공해 주는 작업 또는 기능

나. 데이터 추상화의 필요성
- 독립성: 데이터의 구체적인 특성을 은닉하여 각 단계간의 독립성 제공
- 편리성: 데이터 조작을 단순화
- 재사용성: 유사한 현실 문제를 단순화 하여 재사용 가능하도록 정의
- 보안: 허가된 데이터에 대한 허가된 접근만을 허용

2. 데이터베이스에서 데이터 추상화의 실현 방법

가. 데이터 모델링을 통한 데이터의 추상화

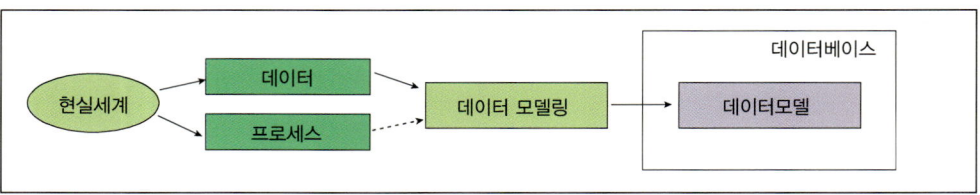

- 데이터 모델링 작업을 통하여 현실세계를 데이터 모델로 추상화

나. 3단계 스키마 구조를 통한 데이터 접근의 추상화

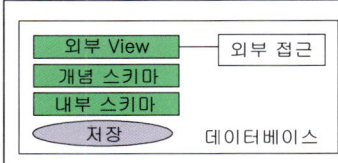

- 3단계 스키마를 통한 구체적인 데이터의 구조를 은닉
- 뷰, SQL문을 사용한 데이터 접근의 단순화
- 허가된 데이터에 대한 접근만을 허용
- 재사용 가능성 향상

3. 데이터 추상화를 위한 데이터베이스 외적인 방법

가. 추상화는 정보시스템의 생상성과 품질 향상을 위한 핵심원리로 다양한 방법이 활용되고 있음

나. 저장 프로시저: 데이터에 대한 조작 기능을 추상화

다. 다단계 Tier 구조: 3- Tier, 4- Tier 등을 통한 아키텍처 차원에서의 추상화

라. OOP : 데이터와 조작을 하나의 객체로 추상화   "끝"

문제	ORM(Object Relational Maoping: OR Mapping)		
카테고리	데이터베이스 〉 ORM	난이도	중

[문제풀이]

1. 객체와 관계형 데이터베이스 간 체계적 매핑 ORM의 개요

가. ORM(Object Relational Mapping; OR Mapping)의 정의

- 도메인 객체의 속성과 RDBMS 테이블 칼럼의 효율적인 대응을 통해 객체의 상태를 지속적으로 유지하는 방법

나. ORM의 등장배경

- 초기 DB 관련 개발모델: 복잡성, 유지보수 어려움

– 객체 모델과 관계형 모델의 차이로 각 클래스를 테이블로 매핑하는 방법의 문제
(상속, 계층 개념 표현의 어려움, 쿼리와 객체 간 관계가 불분명)

2. ORM의 구조 및 장단점

가. ORM의 구조, 적용기술 및 매핑방법

– ORM의 구조

– 적용기술: Transparent persistence, 성능캐싱, Optimistic Locking, 인터페이스 바인딩, 다중레벨 설정(관계, 어노테이션, XML), 메타정보 설정, 동적 SQL
– 매핑방법: one- to- one, one- to- many, many- to- many, Aggregation (Owned Relationship), Association(Referenced Relationship)

나. ORM의 장단점

장 점	단 점
– 복잡한 SQL 코딩작업 불필요	– OLAP 애플리케이션에 부적합
– 요구사항에 적합한 도메인 모델생성가능	– SQL 튜닝 작업의 어려움
– 변경사항 자동감지	– 다수 레코드를 자주 업데이트하는 애플리케이션에 부적합
– SQL 구문 추상화, 종속성 감소, 호환성 향상	

3. ORM 적용시 고려사항 및 기대효과

　가. 시스템 규모, 타깃 DB 고려 분석 매우 중요, 필요시 Query 직접 사용고려(성능문제)

　나. ORM 프레임워크를 이용한 쿼리 로직 분리로 개발 생산성 향상, 코드 단순화, 유지보수 용이

'끝"

■2 중앙 집중 및 분산형 데이터베이스

1) 분산형 데이터베이스

이번에는 데이터베이스 구축을 한 시스템에 집중화시켜 데이터베이스를 사용하는 중앙 집중형 데이터베이스와 물리적으로 떨어진 공간에 여러 대의 데이터베이스를 분리하여 네트워크를 통하여 데이터베이스를 사용하는 분산 데이터베이스에 대해서 알아보겠다.

데이터베이스 시스템을 구축 시에 한 대의 물리적 시스템에 데이터베이스 관리 시스템을 설치하고 여러 명의 사용자가 데이터베이스 관리 시스템 접속하여 데이터베이스를 사용하는 구조를 중앙 집중형 데이터베이스라고 한다.

또한 물리적으로 떨어진 네트워크를 통해서 논리적으로 연결된 단일 데이터베이스 이미지를 보여 주고 분리된 작업처리를 수행하는 데이터베이스를 분산 데이터베이스라고 한다.

분산 데이터베이스를 구축 후에 고객은 시스템의 복잡성을 인식할 필요가 없으며 고객은 오직 한 대의 시스템에 연결되어 작업을 처리하고 있는 투명성을 제공해야 한다.

투명성은 분산 데이터베이스에서 중요한 요소이며 투명성의 종류에는 분할, 위치, 지역사상, 중복, 장애 및 병행 투명성이 있다.

〈표 6〉 분산 데이터베이스의 투명성의 종류

투명성	주요 내용
분할 투명성	– 고객이 하나의 논리적 릴레이션이 여러 단편으로 분할되어 각 단편의 사본이 여러 시스템에 저장되어 있음을 인식할 필요가 없음
위치 투명성	– 고객이 사용하려는 데이터의 저장 장소를 명시 할 필요가 없음 – 고객은 데이터가 어느 위치에 있더라도 동일한 명령을 사용하여 데이터에 접근 할 수 있어야 함
지역사상 투명성	– 지역DBMS와 물적 데이터베이스 사이의 사상이 보장됨에 따라 각 지역 시스템 이름과 무관한 이름이 사용 가능함
중복 투명성	– 데이터베이스 객체가 여러 시스템에 중복되어 존재함에도 고객과는 무관하게 데이터의 일관성이 유지됨

투명성	주요 내용
장애 투명성	– 데이터베이스가 분산되어 있는 각 지역의 시스템이나 통신망에 이상이 발생해도, 데이터의 무결성은 보장
병행 투명성	– 여러 고객의 응용 프로그램이 동시에 분산 데이터베이스에 대한 트랜잭션을 수행하는 경우에도 결과에 이상이 없음

분산 데이터베이스의 구조는 전역 스키마를 작성하고 해당 지역사상 스키마를 작성하여 분산 데이터베이스를 구축하는 방법과 지역 스키마를 작성 후 향후 전역 스키마를 작성하여 분산 데이터베이스를 구축하는 방법이 있다. 전자를 하향식 설계방식이라고 하고 후자를 상향식 설계방식이라고 한다.

[그림 7] 분산 데이터베이스의 구조

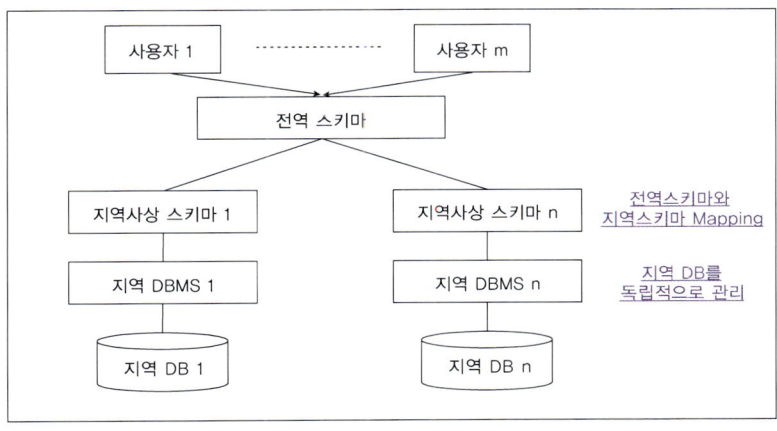

처음부터 하향식 접근을 통해서 분산 데이터베이스를 구축하여 통합된 데이터베이스 스키마를 구성 할 수가 있을 것이다. 하지만 현재 기업에는 이미 각 데이터베이스마다 각

자의 스키마를 가지고 있으므로 하향식 접근으로 분산 데이터베이스를 구축하는 것은 쉬운 것이 아니다. 그러므로 상향식 접근을 통해서 지역 스키마를 작성하고 지역 스키마를 통합하는 방법을 많이 사용한다. 하지만 이미 기존의 시스템이 없는 경우는 하향식 접근 방법을 사용한다.

또한 동일한 데이터베이스 관리 시스템으로 분산 데이터베이스를 구축하는 것은 크게 어렵지 않다. 하지만 기업에는 여러 종류의 데이터베이스 관리 시스템이 있다. 즉, 이 기종 데이터베이스 관리 시스템을 상호 연동하려면 중간에 다리역할을 하는 응용 애플리케이션이나 데이터베이스 미들웨어(ODBC, JDBC)를 통한 연결이 필요하다.

분산 데이터베이스에서는 분산 데이터베이스 간에 데이터를 분할하고 일관성과 무결성을 유지하는 방법이 중요하다. 우선 데이터베이스의 데이터를 분할하기 위해서는 테이블의 데이터를 기준으로 특정 데이터 범위별로 데이터를 분할하는 수평분할과 테이블의 칼럼을 기준으로 테이블을 분할하는 수직분할이 존재한다. 수직분할은 각 테이블의 기본키에 해당하는 값이 각 시스템에 중복되므로 기본키 부분이 중복되는 현상이 발생한다.

수평분할　　　　　　　　수직분할

제품 번호	제품명	재고 수량	주문 번호	수출 여부	고객 번호	사업자 번호	우선 순위	주문 수량
1001	모니터	1,990	AB345	X	4520	398201	1	150
1001	모니터	1,990	AD347	Y	2341	–	3	600
1007	마우스	9,702	CA210	X	3280	200212	8	1200
1007	마우스	9,702	AB345	X	4520	398201	1	300
1007	마우스	9,702	CB230	X	2341	563892	3	390
1201	스피커	2,108	CB231	Y	8320	–	2	80

그렇다면 수평분할을 수행했을 경우 데이터를 조회하는 방법에 대해서 생각해 보자.

[그림 8] 분산 데이터베이스의 조회 방법

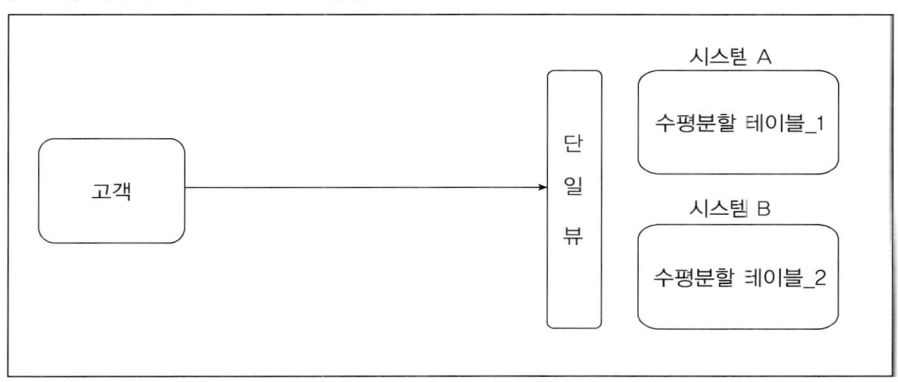

고객이 시스템 A의 데이터베이스에 접속한다. 고객은 시스템 A의 뷰를 통해 조회를 수행한다. 시스템 A의 뷰는 시스템 B의 테이블과 데이터베이스 링크를 통해서 연결된 단일 뷰를 제공한다. 그러므로 고객은 테이블이 분할된 것은 인식하지 않고 데이터를 조회하게 된다.

물론 데이터베이스 관리 시스템에서 제공하는 뷰(View)와 데이터베이스 링크(Database Link)를 통해서 투명성을 제공할 수도 있고 시스템 A에 애플리케이션을 개발하여 제공할 수도 있다.

수직분할 또한 이런 한 방식을 통해서 투명성을 제공하고 분할된 데이터에서 자신이 원하는 데이터를 조회할 수 있는 것이다.

수평분할과 수직분할 이외의 방법으로는 시스템에 있는 테이블을 복제하는 방법이 있다. 복제하는 방법은 시스템 A에 인사 테이블이 있고 시스템 B에도 동일한 인사 테이블이 존재하는 것이다. 만약 시스템 A에서 데이터 삽입, 수정, 삭제의 작업이 발생하면 데이터베이스 관리 시스템이 변경된 내용을 자동으로 시스템 B의 인사 테이블에 반영하는 것이다.

이러한 기능을 데이터베이스 관리 시스템의 복제 기능이다. 하지만 데이터베이스 관리 시스템의 복제 기능을 사용하지 않고 트리거나 응용 애플리케이션으로 이와 동일한 효과를 만들 수도 있다. 그리고 복제를 사용하면 동일한 테이블이 여러 시스템에 존재하므로 저장장치 공간의 낭비가 발생한다.

〈분산 데이터베이스 구축 시에 고려사항〉
- 원격 데이터베이스 시스템간의 데이터 이동의 최소화
- 데이터베이스의 무결성을 보장하기 위해서 트랜잭션 처리에 대한 복잡성이 증대
- 데이터 중복으로 인한 데이터 삽입, 수정, 삭제에 대한 무결성 유지가 어려움
- 또한 과도한 데이터 중복으로 저장공간의 낭비 발생
- 물리적으로 분산된 데이터베이스에 대한 관리정책과 보안통제의 어려움 발생

이러한 경우를 생각해 보자.

고객이 데이터 변경을 수행했다. 변경된 데이터는 시스템 A와 시스템 B에 동일하게 적용되어야 한다. 그런데 시스템 A의 데이터를 변경 후에 시스템 B의 데이터를 변경할 때 시스템 B의 장애로 인하여 데이터 변경에 실패했다. 이미 시스템 A는 데이터가 커밋(Commit) 되었기 때문에 저장이 완료되었으며 취소(Rollback)를 할 수가 없다.

만약 이러한 장애가 발생하면 DBA가 직접 수작업으로 시스템 A의 변경 테이블을 변경전의 테이블로 복구 해야 할 것이다. 하지만 이렇게 장애를 DBA가 인식하는 경우도 있지만 인식하지 못하는 경우도 있고 매번 DBA가 이러한 작업을 수행한다면 분산 데이터베이스 관리는 굉장히 어려울 것이다.

이러한 경우를 대비하기 위해서 분산 데이터베이스는 2PC(2 Phase Commit)을 지원한다. 2PC는 모든 시스템을 동일하게 커밋하게 하거나 동일하게 취소하게 하여 데이터의 무결성을 보장하기 위한 방법이다. 즉 트랜잭션의 커밋 혹은 취소 전에 확인단계를 추가하는 것이다.

2PC 이외에 확인과정을 더욱 강화하는 3PC, nPC가 있을 수 있으나 확인과정이 증가하면 트랜잭션의 복잡성과 오버헤드 또한 증가한다.

그럼, 분산 데이터베이스에서 2PC가 어떠한 방식으로 수행되는지 알아보자.

2) 2PC(2 Phase Commit)

2PC는 네트워크를 통해서 물리적으로 분산된 분산 데이터베이스에서 트랜잭션의 원자성을 보장하는 방법으로 아래와 같은 절차로 커밋 작업이 이루어진다.

[그림 9] 2PC의 절차

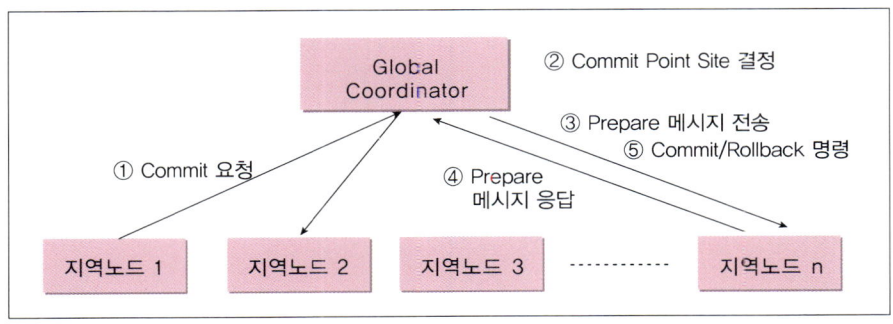

우선 고객이 트랜잭션에 대한 커밋을 요청하면 전체 분산 트랜잭션을 관리하게 되

는 Global Coordinator가 확정된다. Global Coordinator는 분산 트랜잭션을 시작하고 Commit Point Site를 결정하고 전체 분산 트랜잭션을 관리하는 역할을 수행한다.

Commit Point Site는 Global Coordinator의 지시에 따라 트랜잭션을 커밋 혹은 취소를 하는 사이트로 분산 트랜잭션 시작 시에 한 개의 Commit Point Site는 지정하게 된다. 우선 분산 트랜잭션에 참여하는 각 노드에서 준비(Prepare) 메시지를 전송하고 준비 메시지를 받은 노드는 자신의 노드가 커밋을 할 수 있는 준비가 되어 있는지 확인 후에 이상유무를 전송한다. 모든 노드의 커밋 준비가 완료되면 그때 바로 실제 커밋이 발생하며 이러한 2단계 구조를 2PC라고 한다.

〈준비단계의 응답〉
- Prepared: 데이터베이스가 커밋을 할 수 있다고 응답한 것이다.
- Read- Only: 읽기 전용이다.
- Abort: Abort는 데이터베이스가 커밋을 할 수 없을 경우 개시노드에게 전송한다.

설사 2PC를 사용한다고 해도 완벽하게 모든 노드들이 동시에 커밋 혹은 취소를 했다고 보장할 수는 없다. 왜냐하면 2PC 단계에서 준비단계에서는 이상이 없었으나 네트워크 혹은 기타 다른 문제로 인해서 커밋 단계에서 문제가 발생하면 데이터베이스의 데이터에 불일치가 발생한다. 이러한 문제가 발생하는 경우는 DBA에 분산 트랜잭션을 모니터링 하거나 혹은 데이터베이스 에러 정보를 참조해서 커밋에 실패한 트랜잭션을 강제로 취소하고 데이터의 불일치는 수작업으로 해결하는 방법밖에는 없다.

즉, 아무리 2PC를 통해서 확인하는 과정을 수행해도 완벽하게 커밋 하거나 취소 할 수는 없다. 단지 정상적으로 수행 될 가망성이 매우 높은 것이다.

문제〉	2PC		
카테고리	데이터베이스 〉 분산 데이터베이스	난이도	하

[문제풀이]

1. 분산 데이터베이스의 데이터 불일치를 방지하기 위한 2PC의 개요

가. 2PC(2 Phase Commit)의 정의

- 분산 데이터베이스 환경에서 데이터의 원자성을 보장하기 위해서 분산 트랜잭션에
참여한 모든 노드는 동시에 커밋 되거나 취소 시키는 분산 트랜잭션 처리 기법

나. 2PC의 주요특징

- 분산 데이터베이스에서 여러 단계를 거칠수록 신뢰도는 증가 하지만, 반대토 오
버헤드는 증가하는 현상이 발생

2. 2PC의 개념도 및 단계

가. 2PC의 개념도

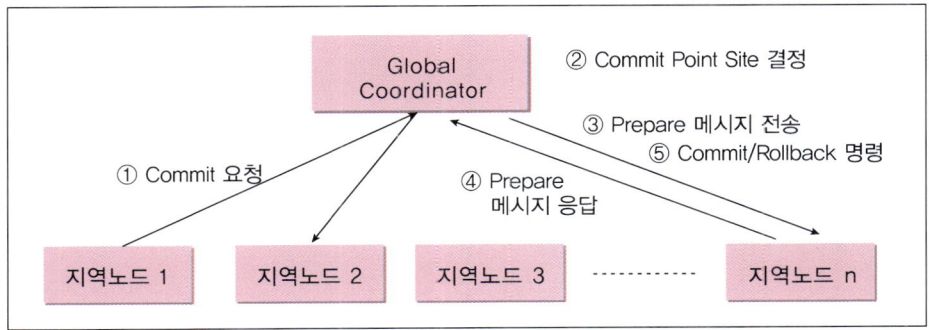

나. 2PC의 단계

단 계	주요 내용
1 단계: 준비단계	- 지역노드에서 커밋을 요구 - Global Coordinator가 Commit Point Site를 결정하고 Global Coordinator가 준비 메시지를 전송
2 단계: 커밋	- 모든 노드가 커밋 준비가 되었으면 Global Coordinator가 커밋 수행하라고 메시지를 전송 - 모든 지역노드가 커밋을 수행

3. 2PC의 고려사항

가. 분산 트랜잭션의 안정성 증가를 위해서 무조건 다단계로 증가 시키면 오히려 분산 트랜잭션 처리 시에 오버헤드의 증가 발생

나. 2PC 또한 분산 트랜잭션을 실패 할 수가 있으므로 DBA는 분산 트랜잭션을 관리하고 만약의 장애 발생 시에 수작업으로 데이터를 일치 시켜야 함

"끝"

3 데이터베이스 연동 방안

데이터베이스 연동 방안이라는 것은 네트워크를 경유해서 클라이언트가 데이터베이스의 데이터를 삽입, 수정, 삭제를 하는 것을 의미한다.

데이터베이스 연동 방안에는 여러 가지 방법이 있을 수 있다.

첫 번째 클라이언트에서 원격지에 있는 데이터베이스에 데이터베이스 접속영역에 직접 접속하여 SQL를 실행 후에 결과 값을 되돌리는 방식이다. 이것은 흔히 사용되는 SQL 클라이언트 프로그램을 통해서 데이터베이스에 연결하는 방식을 의미한다.

이렇게 데이터베이스를 연결하는 것은 각 벤더에서 제공하는 Native Driver를 사용하는 방식도 있고 공통 데이터베이스 미들웨어인 ODBC(71회 정보관리 출제), JDBC를 활용하는 방식도 있다.

두 번째 자체 개발한 미들웨어를 활용하는 방법이다. 이것은 서버 쪽에 미들웨어 역할을 하는 서버 프로그램을 개발하고 클라이언트는 서버에 접속한다. 서버 프로그램은 멀티 프로세스 혹은 멀티스레드를 기반으로 기동되며 클라이언트가 접속되면 각 접속 클라이언트 마다 요구 사항을 처리하는 프로세스 혹은 스레드를 기동하고 새롭게 기동 된 프로세스 혹은 스레드가 직접 데이터베이스에 접속하여 SQL를 처리 후 결과를 되돌리는 방식이다.

물론 이러한 미들웨어를 직접 개발 할 수도 있으나 턱시도(TUXEDO)와 같은 상용 미들웨어를 사용 할 수도 있다.

세 번째 웹에서 데이터베이스와 연결하여 클라이언트의 SQL를 수행하는 방식이다. 즉, 이 방식은 CGI라는 프로그램을 사용해서 클라이언트의 SQL를 수행한다.

네 번째 CGI의 성능문제를 해결하기 위한 데몬방식(항상 기동되어 있는 프로세스)의 FAST CGI(응용서버 방식)를 활용해서 클라이언트의 SQL를 처리한다.

다섯 번째 ISAPI라는 확장 API를 통해서 클라이언트와 데이터베이스를 연동하는 방법이고 이 방법은 현재 사용하지 않는다고 생각해도 좋다.

여섯 번째 WAS(Web Application System: 71회 정보관리 출제)를 활용해서 EJB(Enterprise Java Beans)를 활용한 데이터베이스 연동이다.

본 장에서는 CGI 방식, 응용서버 방식, 데이터베이스 미들웨어 방식, WAS 방식에 대해서 설명한다.

1) CGI를 통한 데이터베이스 연동방법

[그림 10] CGI 방식

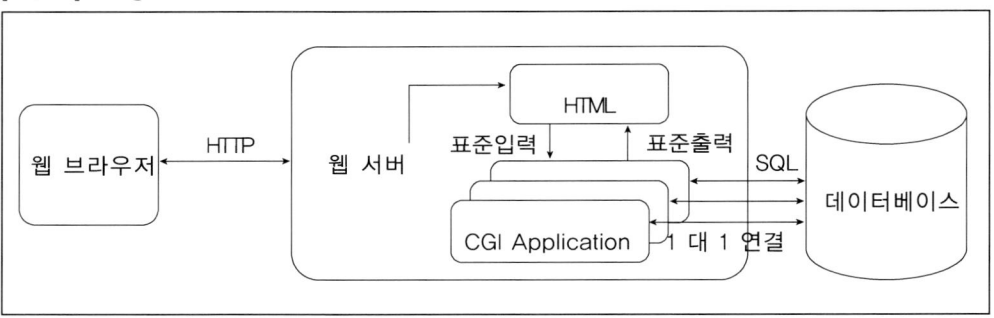

CGI를 통한 데이터베이스 연동방안은 위의 그림처럼 처리된다. 즉,

- 클라이언트는 웹 브라우저를 통해서 웹 서버와 접속을 시도
- 웹 서버는 클라이언트의 요청에 해당하는 CGI 응용 프로그램 기동
- 웹 서버는 클라이언트의 요청을 표준입력을 통해서 CGI 응용 프로그램에 전달
- CGI 응용 프로그램은 웹 서버의 요청을 표준입력을 통해서 받고 데이터베이스와 연결
- CGI 응용 프로그램은 SQL를 실행하고 실행된 결과를 HTML 문서 형식으로 표준

출력을 통해서 출력

- CGI 응용 프로그램을 종료
- 웹 서버는 CGI의 결과를 받아서 클라이언트에게 결과를 송신

이러한 절차로 CGI를 통한 데이터베이스 연동은 수행된다. CGI를 통한 데이터베이스 연동은 클라이언트의 요청 때 기동되고 결과를 HTML로 출력 후에 종료되는 방식이다. 이러한 방식은 클라이언트의 수가 증가함에 따라 전체 시스템의 CGI 프로세스의 증가를 가져오며 결국은 많은 CGI의 응용 프로그램 때문에 서버는 스래싱(Thrashing) 현상과 같은 결과를 초래하여 성능저하의 문제를 발생한다. 그리고 운영체제 입장에서 볼 때 요청 시에 신규 CGI 응용 프로그램을 기동한다는 것은 새롭게 PCB(Process Control Block)을 할당하고 CGI 응용 프로그램 종료 시어 PCB를 해제하는 부하가 발생하며 데이터베이스 관리 시스템에서도 데이터베이스 연결을 처리하는 프로세스가 CGI 응용 프로그램과 같은 수의 애플리케이션이 기동되게 된다. 또한 데이터베이스 관리 시스템의 연결은 느린 속도로 이루어지므로 CGI 방식은 전체 시스템 입장에서 볼 때 급격한 성능저하 요인이 될 수 있다.

이러한 문제를 해결하고 위한 방법으로 등장한 것이 응용서버 구조이다.

[그림 11] 응용서버 방식

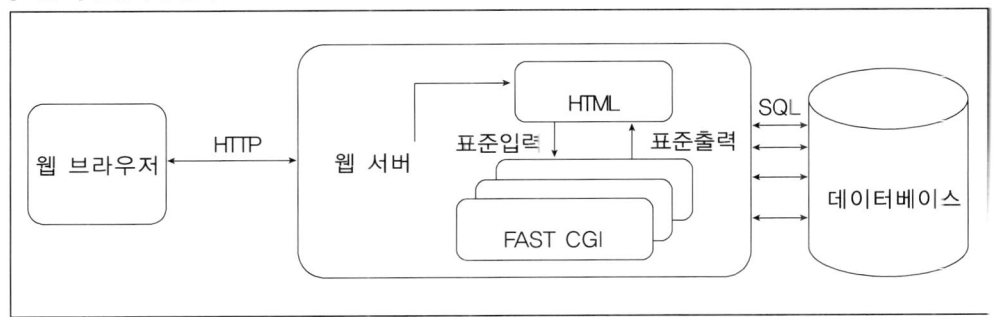

응용 서버구조는 일명 FAST CGI 방식으로 기존의 CGI 방식의 신규 애플리케이션의 기동과 데이터베이스 연결을 해결하는 방식이다. FAST CGI 방식은 미리 CGI 응용 프로그램을 기동하여 클라이언트의 요청 시에 CGI 응용 프로그램을 기동하는 기존의 CGI기반의 데이터베이스 연결문제를 해결하고 또한 FAST CGI방식은 기동 시에 미리 데이터베이스의 연결을 해 두어서 데이터베이스 신규 연결에 따른 부하를 해결하고 CGI 방식에 비해 빠른 SQL 처리가 가능한 방식이다.

하지만 FAST CGI 방식의 문제점은 몇 개의 애플리케이션을 미리 기동해야 하며 데이터베이스 연결을 몇 개의 세션을 가져야 할지에 대한 어려움이 존재한다. 만약 미리 기동된 FAST CGI 애플리케이션에서 처리할 수 없을 만큼의 다량의 요청이 실행되면 전체적인 부하를 유발할 수가 있다.

[그림 12] 데이터베이스 미들웨어 방식

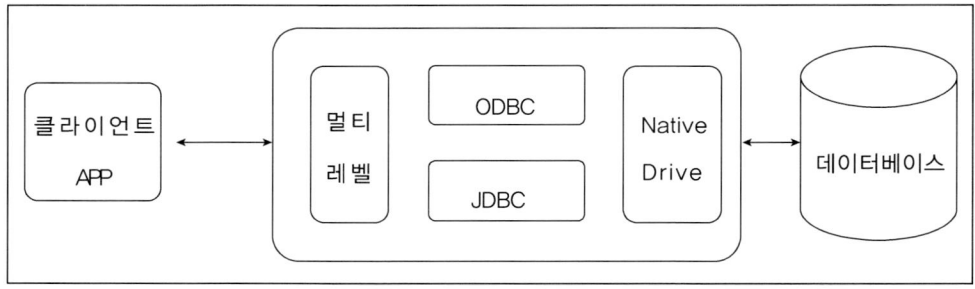

데이터베이스 미들웨어를 통한 데이터베이스 연동 방법은 기업에서 흔히 사용하는 SQL TOOL을 활용한 연동방법과 동일하다. 즉 ODBC, JDBC와 클라이언트는 연결을 시도하고 특정 벤더의 데이터베이스 관리 시스템 드라이버인 Native Driver를 통하여 데이터베이스를 사용하게 된다.

물론 ODBC와 JDBC를 통하지 않고 클라이언트 직접 Native Driver를 활용하여 데이터베이스와 접속 할 수 있으며 이 경우 기존의 ODBC와 JDBC를 사용한 경우보다 성능이 향상된다.

다음의 J2EE 기반의 웹 미들웨어인 WAS(Web Application Server)를 활용한 방법에 대해서 알아보자.

[그림 13] WAS 방식

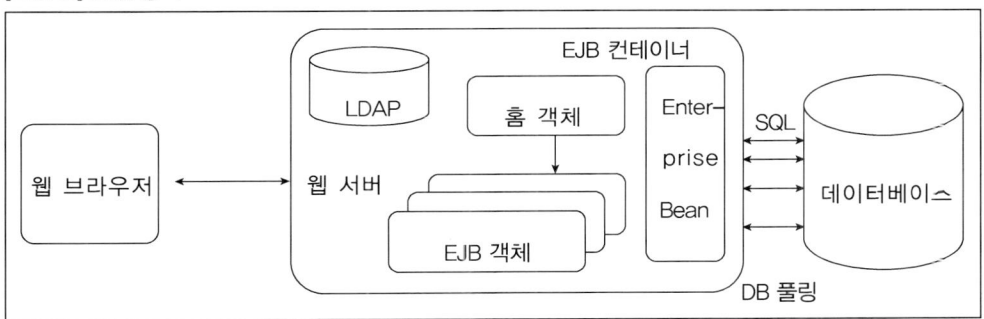

WAS를 활용한 데이터베이스 연동 방법은 다음과 같다.

- J2EE 클라이언트는(웹 브라우저) JNDI(Java Naming Directory Service)를 이용하여 자신이 호출하고자 하는 Enterprise Bean이 어떤 시스템에 있는지를 확인
- JNDI는 Enterprise Bean의 홈 객체 참조를 리턴
- 해당 Enterprise Bean은 새로운 홈 객체를 생성
- 홈 객체는 RMI를 통하여 비즈니스를 처리 할 수 있도록 EJB 객체를 생성
- EJB 객체에 대한 참조를 클라이언트에게 리턴

- J2EE 클라이언트는 RMI를 통하여 EJB 객체의 비즈니스 메소드를 호출
- EJB 객체의 비즈니스 메소드는 데이터베이스 풀링을 활용하여 데이터베이스를 사용

현재 가장 많이 사용되고 있는 J2EE 기반의 WAS는 위와 같은 방식으로 데이터베이스 연동을 수행한다. WAS를 활용하면 WAS 자체가 로드 밸런싱, 트랜잭션 처리, 데이터베이스 풀링 등의 기능과 WAS 자체의 캐시기능을 활용하여 클라이언트의 수가 많은 경우 많이 사용된다.

〈표 7〉 데이터베이스 연동 방안의 비교

구 분	CGI	응용서버	DB 미들웨어	WAS
DB접근	웹 서버	웹 서버	웹 서버, 웹 브라우저	웹 서버
사용언어	C, Perl 등	C, Perl 등	C,C++, JAVA 등	JAVA
장점	구조가 간단함	CGI방식의 성능저하 해결	간단함, DBMS 독립성	트랜잭션,캐시, DB 풀링, 로드 밸런싱
단점	성능 저하, 느린 속도	관리의 어려움	느린 속도, DB세션관리의 어려움	WAS 플랫폼에 대한 비용

데이터베이스 연동 방법까지 해서 데이터베이스 아키텍처 장을 종료한다. 이러한 부분은 많은 곳에 응용이 가능하므로 확실히 이해하기 바란다.

문제	Web과 DB의 연동방식을 기술하고, 인터넷 기업에서 신규로 구축하는 Web 서버가 내부의 DB와 연동하고자 할 경우 고려사항 및 해결과제에 대해 서술하시오.		
카테고리	데이터베이스 〉 데이터베이스 연동	난이도	중

[문제풀이]

1. Web과 DB 연동의 개요

가. Web과 DB연동의 정의

- 사용자가 대량 데이터를 액세스하기 위한 웹 서버와 DB 서버의 연결 기술
- Client는 Web과 DB 연동 방식에 상관없이 DB 쿼리 결과를 확인 가능

나. Web과 DB 연동의 필요성

- 기존 Web이 정적이고 고정적인 Text, Data 만을 제공하여 동적인 웹 문서사용 요구 대두
- Client Server 환경에서와 같이 Web 상에서도 다양한 데이터 액세스 필요
- 원하는 데이터를 사용자의 웹 브라우저에 투명하게 전달

2. Web과 DB의 연동방식의 종류 및 특징

가. Web DB 연동방식의 종류

- 서버 확장: CGI 실행 파일, CGI Gateway, 확장 API, Servlet
- 브라우저 확장: JAVA Applet, Microsoft ADO 이용
- 스크립트 언어인 JSP (JDBC 이용 연결), ASP (OLE- DB,ODBC 이용 DB연결), PHP 이용 방식
- Web Application Server 이용 방식

나. Web DB 연동방식의 특징

1) CGI (Common Gateway Interface)를 이용한 DB 연동

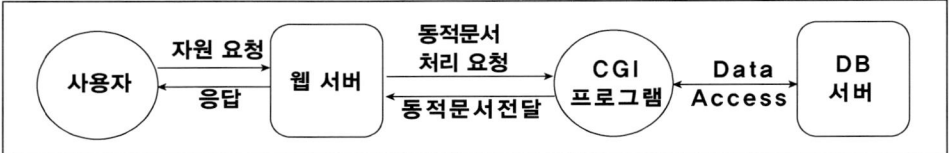

- CGI 프로그램, CGI Gateway가 직접 DB에 액세스
- Session 제어 및 DB Connection 제어 로직이 없어 (1) 시스템 폭주 가능

2) JSP를 이용한 DB 연동

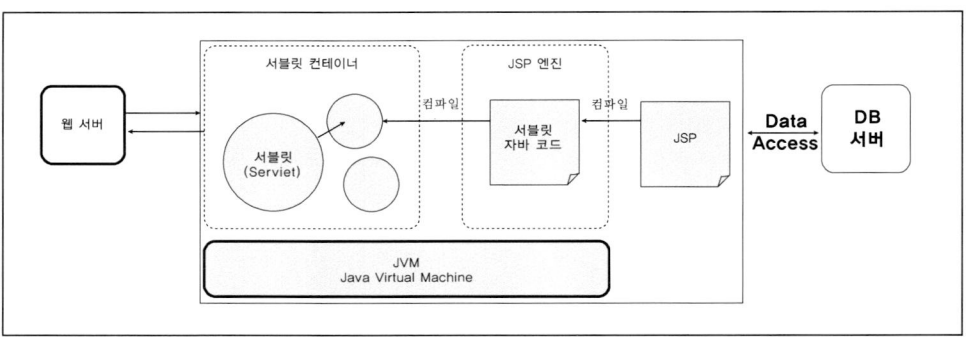

- JSP는 JSP 컴파일러에 의해서 서블릿 코드를 생성
- JSP는 자바 코드로 된 서블릿으로 번역된 다음 자바 컴파일러에 의해 컴파일되어 DB 액세스
- DBMS 종속적인 Driver와 API, 플랫폼 독립성

3) Web Application Server를 이용한 DB 연동

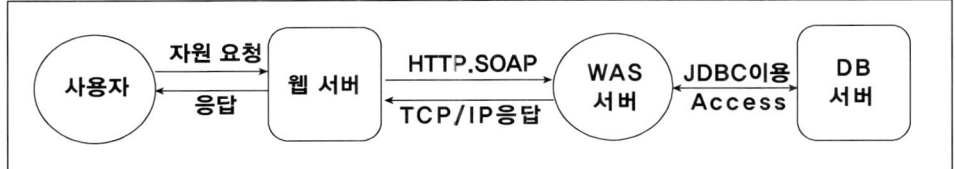

- 다양한 접속 방식으로 Client의 요청 처리, DB Access
- **(2) 멀티스레드**: DB Connection, 인터페이스, Pool 사용
- 로드밸런스: 사용자의 요청을 지능적으로 분산, 분산 객체
- 세션상태: 웹의 단점인 Connection less 극복
- 상태관리: 트랜잭션 및 비즈니스 로직의 상태 유지

3. Web과 DB 연동의 고려사항 및 해결과제

가. 신규 Web 서버와의 DB 연동 시 고려사항

구 분	해결 과제
보 안	- Web 서버의 보안 취약성 점검 (OWASP 10대 취약성, SANS Top 20) - 기존 DB 서버와 네트워크가 분리된 DMZ에 Web 서버 설치 - DB 서버와의 Transaction에 필요한 Port만 방화벽에서 Open - DB Access를 위한 별도의 유저, Password, Audit Log 통한 감시
성 능	- 최대 접속자를 고려한 DB Connection Pool 설정 - DB에 과부하를 주는 Query, Session 등을 집중 모니터링 - DB의 Buffer Cache Hit Ratio, Library Hit Ratio 등을 모니터링
용 량	- DB에 Update 되는 Data의 Type, 크기, Update 빈도 등을 분석 - 동시사용자의 분당 Transaction 처리 건수를 예상하여 DB 서버 증설 - 향후 증가되는 Data의 양을 고려하여 DB 서버의 스토리지 증설

나. 신규 Web 서버와의 DB 연동 시 해결과제

구 분	해결 과제
보 안	– DB 서버 접속 관련 보안뿐 아니라 **(3) DBMS Data 암호화**를 통해 정보 보호 필요 – DBMS Data 암호화로 인한 품질 저하 현상 해결이 필요
성 능	– Web 서버와 DB 서버의 성능을 전용 모니터링 할 수 있는 **(4) SMS, (5) APM** Tool 도입 – 전담 DBA의 문제분석을 통한 Tuning 및 관리 – 시스템별 성능, 용량 임계치 산정, 임계치 초과시 Alarm 발생 – 사용자 입장에서 모니터링 할 수 있도록 외부 ISP에 SMS 추가 설치
용 량	– 확장성을 고려하여 **(6) SAN Storage 및 SAN Switch** 도입 – RAID 구성시 OPEN– V Type으로 구성하여 필요시 즉시 용량 증설
안정성	– 서비스 안정성을 위한 **(7) CDP, (8) VTL, (9) De-duplication** 추가 도입 – Data 네트워크와 분리된 Backup 전용 네트워크 구축 – 대용량 데이터 백업 시 서버 부하를 줄이기 위한 SAN Backup 수행

"끝"

[풀이]

- 웹과 DB로 나누어진 구성은 사용자가 웹 브라우저를 통해 데이터베이스를 검색하기 위한 가장 일반적인 구성으로 사용자는 데이터베이스 서버에 직접 요청하는 것이 아니라 웹 서버에만 검색을 요청하고, 그 결과를 웹 서버가 데이터베이스 서버에 전달하여 결과를 전달 받는 방식임
- 웹 서버와 DB 서버에 직접 연결되는 경우는 2– Tier, 웹 서버와 DB 서버 중간에 WAS 등이 있으면 3– Tier 구조라고 함
- 실제 시스템 구성 후 서비스 제공 시에 병목 현상이 가장 빈번하게 일어나는 곳은 DB 서버이므로 성능을 가장 우선으로 구축하여야 하며, 개인 정보 보호나 회사 기밀을 다루게 된다면 보안 역시 필수 고려 사항임

[주요 용어 설명]

(1) 시스템 폭주: Looping, DDoS 등으로 인하여 시스템이 처리할 수 있는 한계를 넘어서 CPU 등의 자원의 사용율이 지속적으로 100%를 보이는 현상

(2) 멀티스레드: 한 개의 프로세스 내에서 여러 개의 스레드가 Multitasking을 처리하는 것으로 1개의 응용 프로그램이 스레드(thread)로 불리는 처리 단위를 복수 생성하여 복수의 처리를 병행하는 스레드를 말함

(3) DBMS Data 암호화: DBMS에 저장되는 데이터를 SEED, RSA 등의 암호화 알고리즘을 이용하여 데이터가 누출되더라도 데이터의 내용을 볼 수 없도록 하는 기술

(4) SMS(System Management Service): 시스템의 CPU, Memory, Disk 등의 자원 사용률을 모니터링 하여 로그로 남기고, 임계치 이상의 사용률을 보일 경우 알람 메시지나 메일 등으로 사용자에게 알려주는 서비스

(5) APM(Application Performance Management): 최종 사용자에게 향상된 서비스를 제공하기 위해 애플리케이션의 흐름 모니터링과 성능 예측을 통해 최적의 애플리케이션 상태를 보장하고 관리하기 위한 솔루션

(6) SAN Storage 및 SAN Switch: SAN Storage란 서로 다른 종류의 저장장치들이 네트워크나 서버를 통한 모든 사용자들에 의해 공유될 수 있도록 서로 연결되어 있는 스토리지를 말하고 SAN Switch란 이기종의 복수 서버들과 분산된 저장 장치들을 고속의 Fiber Channel망으로 연결하여 논리적으로 하나의 저장장치로 제공되는 통합 저장장치 솔루션

(7) CDP(Continuous Data Protection): 데이터 변경에 대한 지속적 추적과 변경에 대한 내용을 별도의 스토리지에 저장함으로써 비즈니스 연속성을 보장하는 데이터 보호 기술/서비스

(8) VTL(Virtual Tape Library): 스토리지 장비를 가상의 Tape Drive로 Emulation 하여 Disk를 마치 Tape Library로 인식하게 하는 D2D 백업용의 가상화 장치

(9) De- duplication: 파일, 디스크 블록(Block)이나 데이터 청크(Chunk)가 중복되었을 경우 이를 제거 또는 삭제함으로써 디스크상에 유일한 데이터만을 남기는 데이터 저장/보호 기술

기출문제

■ 단답형

- 71회 정보관리) ODBC
- 71회 조직응용) 분산 DB의 구조와 설계절차 방법을 설명하시오.
- 74회 조직응용) 웹 데이터베이스(시스템)

■ 서술형

- 72회 정보관리) 관계형 데이터베이스 관리 시스템(DBMS)의 주요 목표 중 하나는 데이터 독립성(Data Inde-
     pendence)의 보장이다.
(1) 데이터 독립성의 의미가 무엇인지 설명하시오.
(2) 현재 상용화 되어 있는 관계형 DBMS가 데이터 독립성 추구를 위해 채택하고 있는 모델에 대해 설명하시오
(3) 데이터베이스 스키마 관리의 중요성에 대해 설명하시오.

예상문제

■ 단답형

- 2PC
- ORDBMS와 OODB
- Web DB 연동방식과 방식의 특징을 비교하시오.
- 관계형 데이터베이스의 장점에 대해서 설명하시오.
- 분산 데이터베이스의 투명성에 대해서 설명하시오.

■ 서술형

- 분산 데이터베이스의 데이터 모델링 방법에 대해서 논술하시오.
- 웹 기반 소프트웨어 개발 시에 데이터베이스 연동방안에 대해서 설명하시오.
- 3층 스키마에 대해서 설명하고 데이터베이스 독립성에 대해서 논술하시오.
- 스레드 기반의 데이터베이스 연동방안에 대해서 설경하시오.
- 메인프레임에서 개방형 시스템으로 전환 시에 고려사항을 설명하시오.

본 장에서는 데이터베이스의 기본이 되는 데이터베이스 구성에 대해서 알아보았다.

본 장은 시스템적인 접근으로 데이터베이스의 구성을 알아 보았지만, 모든 부분에서 중요하므로 반드시 알아두기 바란다. 또한 3층 스키마 및 계층형, 네트워크형, 관계형 데이터베이스의 특징을 이해해야 하며 분산 데이터베이스의 투명성과 구축방법, 2PC는 또한 같이 알아두기 바란다.

데이터베이스 연동은 기업에서 데이터베이스를 사용하는 방법에 대해서 설명하였고 각 부분의 장단점을 이해하기 바란다.

STEP 2

데이터베이스 구축을 위한 프로세스

데이터베이스 구축을 위한 프로세스의 개관

　본 장에서는 데이터베이스 설계에 관한 전 과정을 설명하며 본 장은 데이터베이스에
있어서 가장 중요하며 핵심적인 부분이다.

　데이터베이스의 설계는 두 가지 목적으로 이루어진다.

　첫 번째 모델링을 통한 가시화를 제공하여 고객과 의사소통

　두 번째 기업의 전사 데이터 아키텍처를 수립하고 이것을 최종 구현하는 역할

　즉, 데이터베이스 설계 프로세스의 절차를 이해하고 개념적 데이터베이스 모델링, 논리적 데이터베이스 모델링
과 최종적으로 데이터베이스를 구축하는 물리적 데이터 베이스 모델링의 절차를 이해하고 실제 모델링을 할 수 있
는 지식을 배워야 한다.

학습목표

- 기업 비즈니스의 관리대상인 엔티티를 도출한다.
- 엔티티를 활용하여 개념적 ERD를 작성한다.
- 개념적 ERD를 논리 ERD로 변환하며 정규화를 수행한다.
- 데이터베이스의 무결성을 이해한다.
- 물리적 모델링 단계에서 실제 데이터베이스를 구축한다.
- 데이터베이스의 성능향상을 위해서 반정규화를 고려한다.
- 데이터베이스 튜닝을 위해서 옵티마이저를 학습한다.

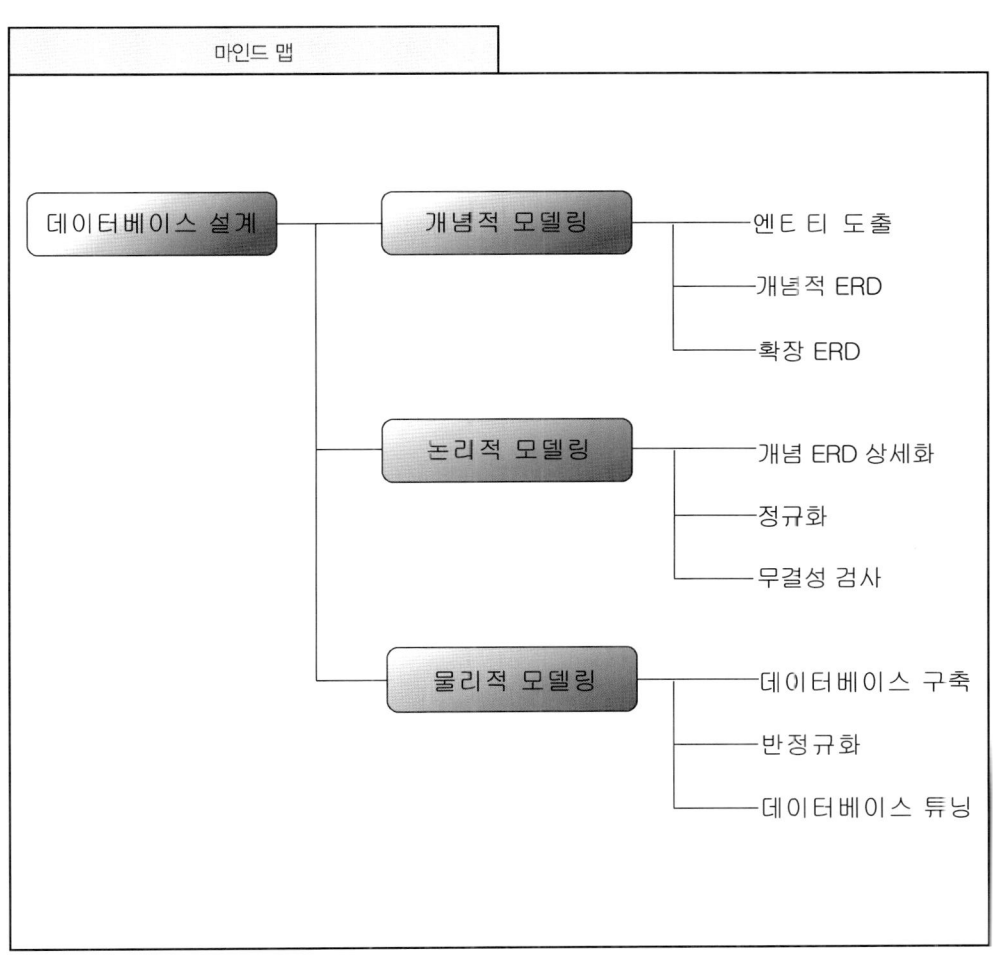

1 데이터베이스 설계 프로세스

　　데이터베이스 설계에 대해서 본격적으로 학습하기 전에 데이터베이스 설계 과정이 어떠한 절차로 이루어지는지 알아보자.

　　우선, 데이터베이스를 설계하거나 혹은 기능 중심의 프로세스를 설계 하더라도 설계라는 관점에서 가장 중요한 요소가 있다. 그것은 고객의 비즈니스를 이해하고 그것을 문서화하는 요구사항 분석일 것이다. 즉, 현재 기업의 정보 시스템의 구조는 어떻게 되어 있고 정보시스템의 문제점은 무엇이며 이번 신 시스템 구축에서 고객이 요구하는 기능은 무엇인지를 문서화 하여 고객의 비즈니스에 맞게 정보시스템을 구축하기 위해서는 요구사항분석은 데이터베이스 설계이든 프로세스 설계이든 가장 중요한 요소이다.

　　이러한 요구사항 분석이 완료되면 요구사항 문서와 현 시스템 및 업무 프로세스에 관한 문서를 활용하여 비즈니스 차원에서 관리해야 되는 관리대상이 무엇인지를 분석하고 이것을 도출하는 작업을 수행한다. 바로 이러한 작업이 개념적 모델링이라고 하며 이러한 개념적 모델링에서는 데이터베이스의 청사진을 그리는 작업을 수행한다.

　　핵심 업무에 대한 개념적 모델링이 종료되면 개념적 모델링을 상세화 하는 작업이 수행되며 이 단계에서는 핵심 업무 및 모든 관리대상 업무를 포함하며 또한 데이터베이스의 중복을 제거하기 위해서 정규화 작업을 수행한다. 이러한 과정을 논리 모델링이라고 하며 논리 모델링은 최종적으로 구축 되어야 하는 데이터베이스의 청사진인 것이다.

　　논리 모델링 작업이 완료되면 실제 데이터베이스 구축 단계를 수행한다. 데이터베이스 구축 단계는 구축할 데이터베이스 관리 시스템(Database Management System)를 선정하고 하드웨어의 상황에 따라 데이터베이스 설계하고 구축한다. 이러한 작업을 물리적 모델링 단계라고 하며 데이터베이스 구축과 더불어 동시에 데이터베이스 성능향상을 위해서 튜닝작업이 동시에 이루어진다. 데이터베이스 튜닝에는 데이터베이스 설계를 튜닝 하는 설계튜닝과 데이터베이스 환경을 튜닝 하는 환경튜닝 그리고 데이터베이스와 사람이 대화할 수 있는 언어인 SQL를 튜닝 하는 SQL튜닝으로 분류 된다.

〈표 8〉 데이터베이스 설계 프로세스

설계 프로세스	주요 내용
요구사항 분석서 요구사항분석	– 기업의 비즈니스를 이해 – 업무 프로세스 및 현 정보 시스템 관련 문서와 각종 문서를 취합하여 기업의 비즈니스와 정보시스템 구조를 파악 – 고객과의 인터뷰를 통하여 신 정보시스템 목표 및 고객관점에서의 기능적 요구사항을 분석하고 문서화 – 요구사항에 대한 문서화 작업인 요구사항 분석이 완료되면 고객과의 회의를 통해 최종 요구사항 확정
DB 독립성 개념적 모델링	– 요구사항 문서를 통하여 후보 엔티티를 도출 (엔티티: 업무적 관리대상이 되는 집합) – 후보 엔티티에서 기업의 핵심업무를 대표하는 핵심 엔티티를 도출하고 이것을 통해서 개념적 ERD를 작성
DB 종속성 논리적 모델링	– 논리적 모델링은 개념적 모델링을 상세화 하는 단계로서 주요 업무에 해당되지 않거나 개념적 모델링에서 도출하지 않은 엔티티를 도출하고 엔티티 간의 관계를 설정 – 엔티티를 대표하는 대표자를 도출한다 그것을 식별자라고함 – 데이터베이스 중복을 제거하여 이상현상(Anomaly)를 제거하기 위해서 수학을 기반으로 하는 정규화를 수행 – 정규화를 수행 후에 업무적 무결성과 실체 무결성, 참조 무결성, 영역 무결성을 검사
DBHS 종속성 물리적 모델링	– 데이터베이스를 구축하기 위해서 특정 벤더의 데이터베이스 관리 시스템을 선정하고 하드웨어적인 환경을 고려하여 데이터베이스를 구축 – 데이터베이스 구축과 병행적으로 데이터베이스에 대해서 설계, 환경, SQL 튜닝을 수행

2 개념적 모델링

1) 개념적 모델링

개념적 데이터베이스 모델링은 데이터베이스의 청사진을 그리는 과정으로 데이터베이스 모델링의 핵심이다. 그럼, 먼저 개념적 모델링 과정에 어떤 작업이 있는지 알아보자.

(1) 개념적 모델링 시에 작업

- 관련 문서 및 요구사항 분석서 혹은 인터뷰를 통해 후보 엔티티를 도출
- 후보 엔티티 중에서 기업의 비즈니스와 가장 관련이 큰 핵심 엔티티를 도출
- 엔티티를 도출 후에 엔티티간의 관계를 설정하고 관계명을 부여
- 엔티티의 구성이 되는 애트리뷰트를 식별
- 최종 개념적 ERD를 작성하고 검증

개념적 모델링 작업은 위의 절차로 이루어지며 그 중에서도 엔티티의 도출은 가장 중요한 작업 중에 하나이다.

⟨표 9⟩ 엔티티 도출

엔티티 도출 절차	주요 내용
관리대상	- 업무적 관리대상인가? - 즉, 고객이 관심 있고 수행 해야 하는 업무인가? - 예) 고객, 사원, 부서 등
본질집합	- 도출된 엔티티가 행위를 포함 하지 않고 한 개의 의미만 있는 본질집합인가? 　예) 납부자 = 고객 + 납부라는 행위집합임 그러므로 납부자는 본질집합 위배
독립성	- 업무적인 독립성을 갖고 있는가?
집합	- 행과 열을 갖고 있는 집합인가? - 엔티티는 행과 열이 있어야 하고 최소 2개 이상의 애트리뷰트로 구성되어야 함

엔티티 도출작업이 완료하면 도출된 엔티티를 활용하여 개념적 ERD를 작성한다.

〈표 10〉 개념적 ERD 작성

개념적 모델링 셜차	주요 내용
엔티티 도출	– 후보 엔티티를 도출하고 핵심 엔티티를 선별 　（〈표 9〉 엔티티 도출 참조）
애트리뷰트 도출	– 엔티티의 요소인 애트리뷰트를 도출 　예) 사원={사원번호, 성명, 나이, 직책 등} 　　　부서={부서코드, 부서명 등}
관계도출/설정	– 엔티티 간의 관계를 설정 　예) 신입직원이 입사하면 사원은 부서에 소속 　　　(소속이라는 관계가 도출됨)

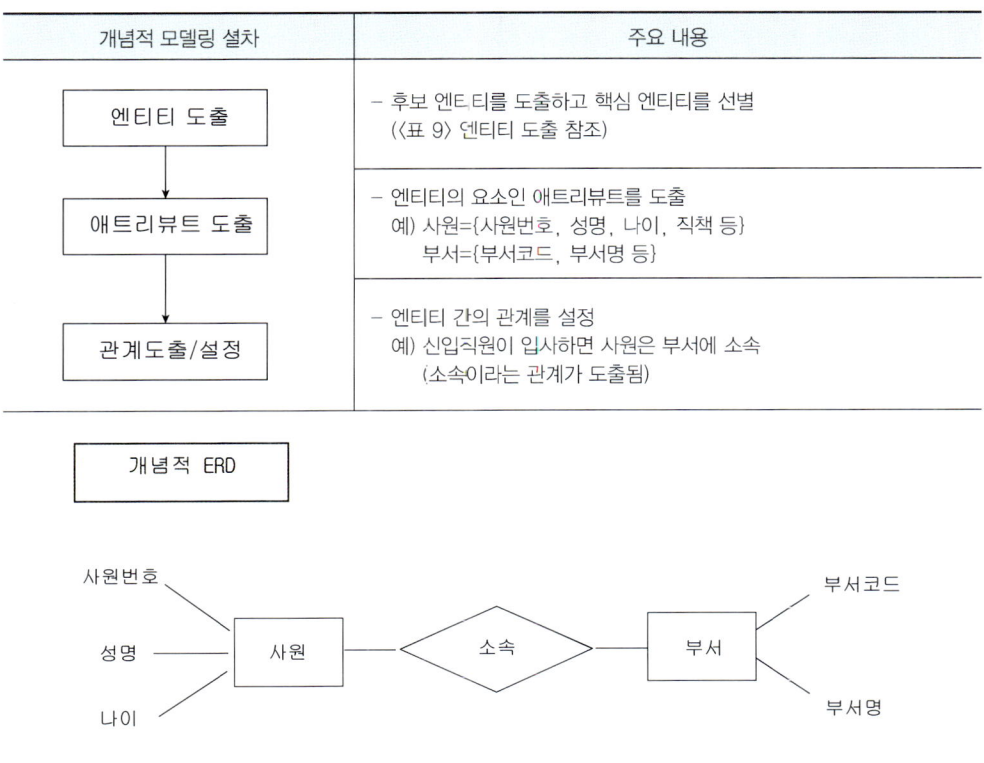

위의 과정을 통해서 최종 개념적 ERD가 작성되고 개념적 ERD 작성 시에 주의할 내용은 다음과 같다.

(2) 개념적 ERD 작성시 고려사항

- 모든 엔티티를 대상으로 하지 말고 비즈니스를 대표하는 핵심 엔티티를 대상으로 하라. 만약 모든 엔티티를 대상으로 한다면 처음부터 복잡도가 증가하므로 주요한 엔티티가 아니면 그것은 논리 모델링에서 수행한다. 그리고 코드 엔티티, 이력관리 엔티티에 대해서 논리 모델링에서 수행한다.
- 개념적 ERD 작성 후에 고객과의 회의를 통해서 반드시 개념적 ERD를 검증하라. 또한 CRUD(Create Read Update Delete) 및 엔티티 생명주기 분석을 통해서 엔티티를 검증하라. 그것은 엔티티의 도출이야말로 모델링의 성공을 좌우하는 핵심이기 때문이다.

2) 확장 ERD

EER(Extended Entity Relationship)은 기존의 ER모델의 확장으로 복잡한 현실세계를 몇 개의 개념적 요소만을 표현하지 못하여 세분화(Specialization), 일반화(Generalization), 집단화(Aggregation)의 기능이 추가된 것을 의미한다.

먼저 세분화와 일반화는 다음과 같다.

[그림 14] 세분화와 일반화

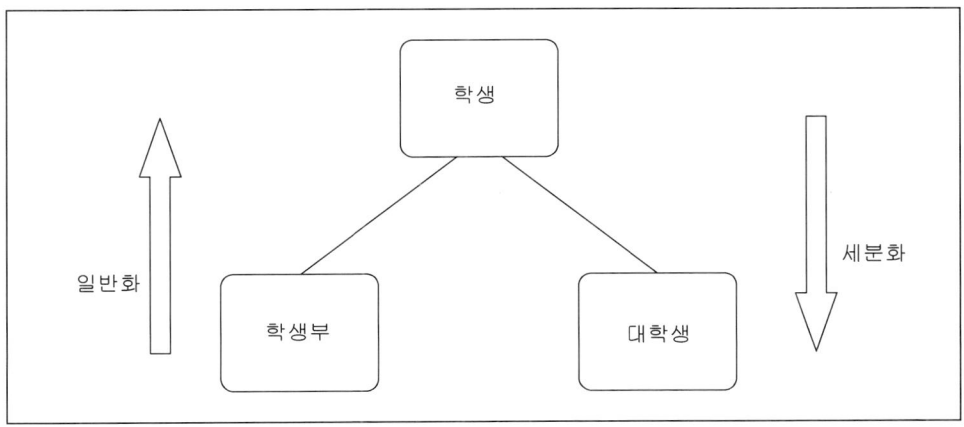

세분화는 하향식(Top Down)개념의 설계방식으로 정보를 단계별로 정제하는 방식으로 IS- A 관계에 기반을 둔다. 일반화는 상향 식(Bottom Up)설계 방식으로 정보를 단계별로 합성하는 방식을 의미한다.

[그림 15] 집단화

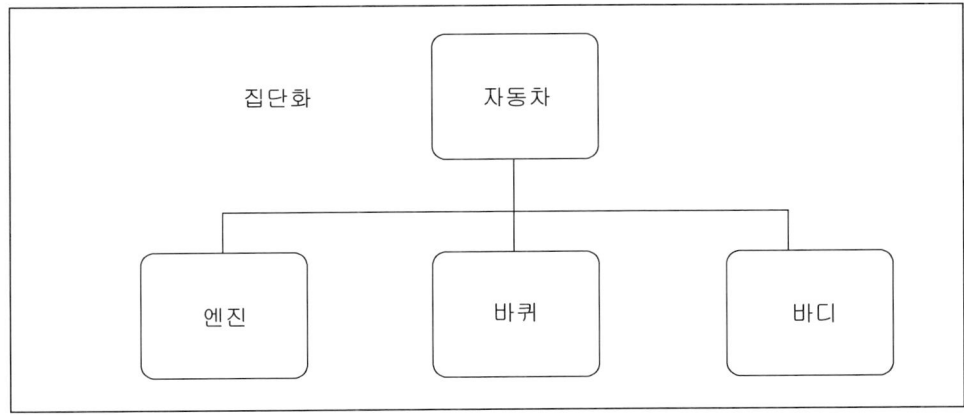

여러 개의 구성 엔티티들로부터 집단화된 엔티티들을 정의하는 것을 집단화라고 하고 집단화된 엔티티형과 각 구성 엔티티형의 관계는 IS- PART- OF 관계이다.

이처럼 확장 ERD은 기존의 ERD모델에 상세화, 일반화, 집단화의 개념이 추가된 개념이다.

1) 개념적 모델링의 상세화 논리 모델링

개념적 모델링이 종료되면 그 다음은 논리적 모델링을 수행한다. 논리적 모델링 단계부터는 특정 데이터베이스에 종속되는 과정이다. 이것은 계층형 데이터베이스, 관계형 데이터베이스, 네트워크형 데이터베이스에 종속 된다는 의미이다.

논리적 모델링은 개념적 모델링에서 도출한 엔티티와 더불어 비즈니스와 데이터베이스 구축을 위해서 필요한 모든 엔티티를 도출하고 이것을 모델링 하는 과정이다.

그러면, 논리적 모델링 시의 작업에 대해서 알아보자.

(1) 논리적 모델링 시에 작업

- 모든 엔티티를 도출한다. 비즈니스에 필요한 모든 엔티티, 코드 엔티티, 이력 엔티티 등의 모든 엔티티를 도출
- 엔티티를 대표하는 식별자를 설정한다. 식별자는 최소성(NOT NULL)과 유일성을 만족하며 엔티티를 대표할 수 있는 애트리뷰트이다.
- 식별자가 동일하거나 업무적으로 관련성이 있는 엔티티를 통합 하거나 분할한다.
- 관계를 설정하고 해소한다. 1:N, 1:1, M:N 관계를 설정하고 특히 M:N 관계는 엔티티를 추가하여 M:N 관계를 1:N으로 해소한다.
- 다중값 속성을 해소한다. 즉, 주소의 경우 시/군/도 등으로 분리하여 애트리뷰트로 할지 아니면 하나의 주소 애트리뷰트로 할지를 결정한다.
- 데이터베이스 중복을 제거하여 이상현상(Anomaly)을 방지하기 위해서 데이터베이스 정규화(Normalization)을 수행
- 데이터베이스 실체, 영역, 참조, 비즈니스 무결성을 검사한다.

위의 작업이 논리적 모델링의 절차이며 작업내용이다.

〈표 11〉 논리적 데이터베이스 모델링

논리적 모델링 절차	주요 내용
모든 엔티티 도출	– 개념적 모델링 단계에서 도출한 핵심 엔티티를 제외하고 비즈니스에 관련된 모든 엔티티를 도출 예) 코드 엔티티(제품코드), 이력 엔티티(주문이력)
식별자 선정	– 엔티티를 대표하는 식별자를 선정 – 식별자는 최소성(NOT NULL)과 유일성을 만족하는 애트리뷰트 중에서 엔티티 내의 모든 애트리뷰트를 대표할 수 있는 애트리뷰트 예) 사원 엔티티={<u>사원번호</u>, 성명, 나이 등}
엔티티 통합/분할	– 식별자가 동일하거나 업무적으로 의미가 동일한 엔티티를 하나의 엔티티로 통합하거나 분할 예) 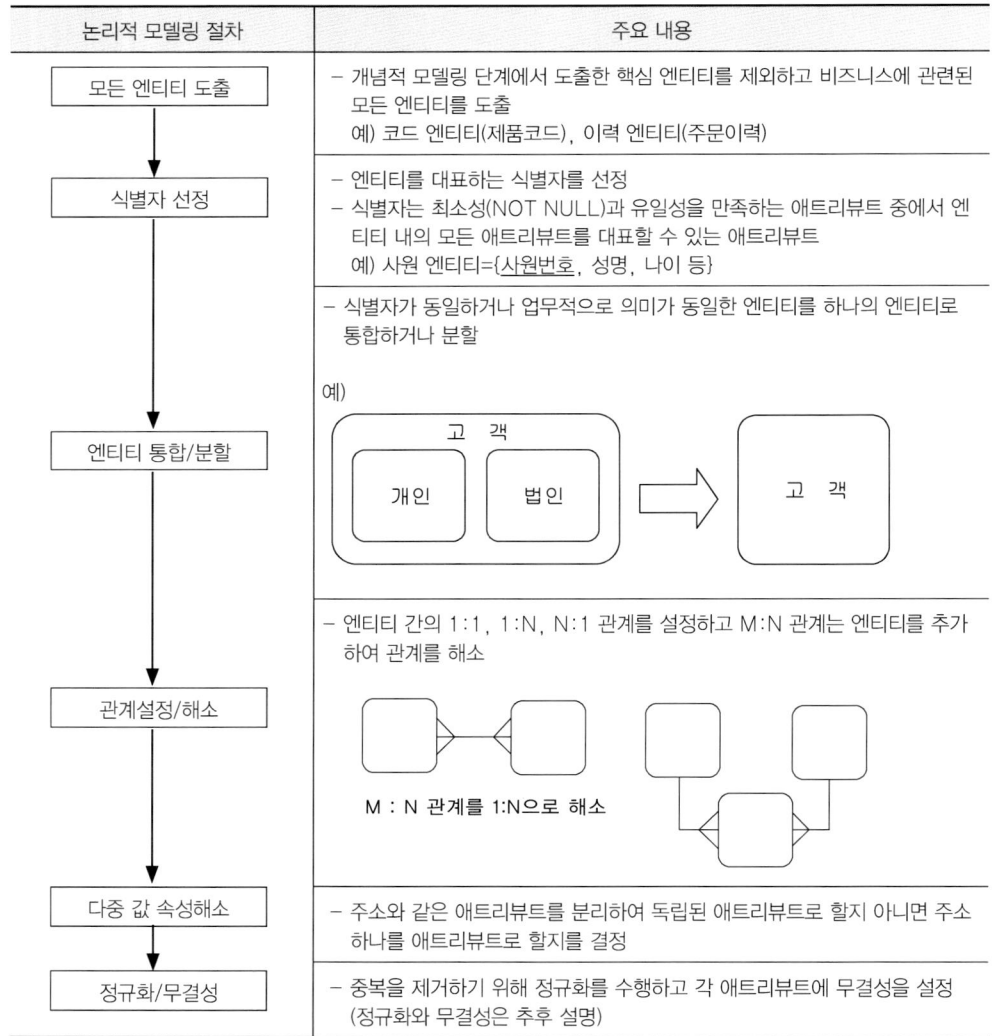
관계설정/해소	– 엔티티 간의 1:1, 1:N, N:1 관계를 설정하고 M:N 관계는 엔티티를 추가하여 관계를 해소 M : N 관계를 1:N으로 해소
다중 값 속성해소	– 주소와 같은 애트리뷰트를 분리하여 독립된 애트리뷰트로 할지 아니면 주소 하나를 애트리뷰트로 할지를 결정
정규화/무결성	– 중복을 제거하기 위해 정규화를 수행하고 각 애트리뷰트에 무결성을 설정 (정규화와 무결성은 추후 설명)

문제〉	데이터베이스 모델 시에 필요한 엔티티 타입, 기수성, 관계 유형, 식별 및 비식별관계를 예를 들어서 설명하시오.		
카테고리	데이터베이스 〉 모델링 〉 개념 도델링	난이도	중

[문제풀이]

1. 엔티티 타입의 개념 및 종류

가. 엔티티 타입(Entity Type) 개념

- 의미 있는 유용한 정보를 제공하기 위해서 기록, 관리하고자 하는 데이터 유형으로 사람, 사물, 장소, 개념 또는 사건의 타입을 파악하여 묘사
- 구별 가능한 사람, 장소, 물건, 행위 또는 개념에 대한 정보가 유지되어야 하는 것

나. 엔티티 타입 종류

종 류	주요 내용
독립 엔티티	– 엔티티의 존재가 다른 엔티티의 존재에 의존되지 않음
종속 엔티티	– 식별 시 한 개 이상의 엔티티 타입에 의존하는 엔티티 타입
특성 엔티티	– 엔티티 타입에서 여러 번 발생하는 속성 그룹이지만 다른 엔티티 타입에 의해서 직접적으로 식별되지 않음
수퍼/서브 엔티티	– 속성 값에 의해 수퍼타입이 분할된 경우로 복잡성을 배제하기 위해서 서브로 분할된 엔티티 타입
연관 엔티티	– 기본키를 두 개나 다른 속성으로부터 상속 받는 엔티티 타입

2. Entity Relationship Model의 기수성 개념과 종류

가. 기수성 개요

- 하나의 엔티티가 가질 수 있는 페어링의 수로 (최대 기수성과 최소 기수성으로 쿨류)

– 경험이나 관행이 아닌 업무규칙에 의해서 결정

나. 기수성 종류

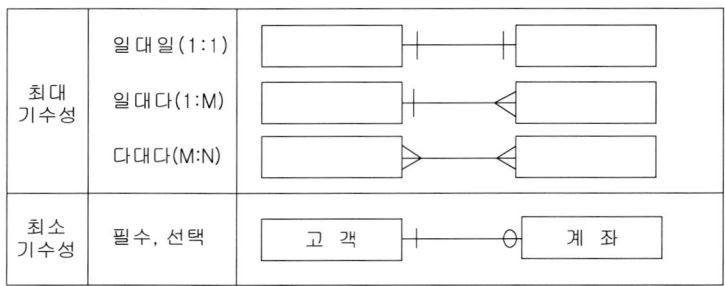

최대 기수성	일대일(1:1)	
	일대다(1:M)	
	다대다(M:N)	
최소 기수성	필수, 선택	고객 ──── 계좌

3. 관계의 유형과 예제

가. 자기관계

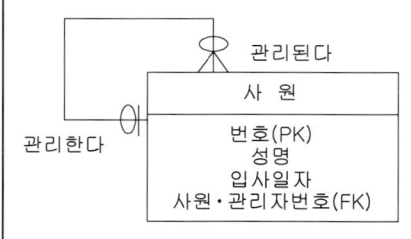

관리된다
사 원
번호(PK)
성명
입사일자
사원·관리자번호(FK)
관리한다

- 동일 엔티티 타입 내의 엔티티와 페어링이 설정되는 경우
- 두 멤버십의 선택성이 선택적임

나. 병렬관계

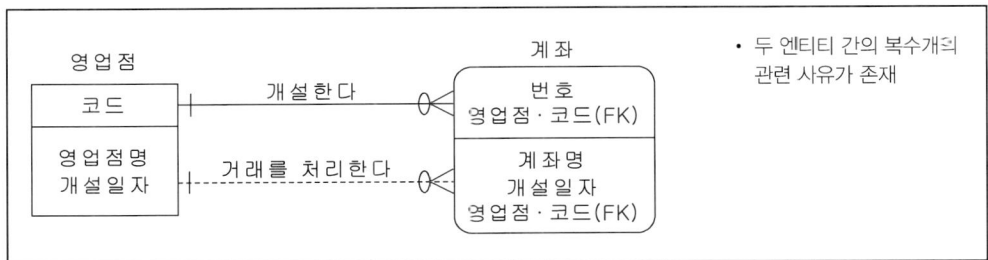

- 두 엔티티 간의 복수개의 관련 사유가 존재

다. 상호배타적 관계

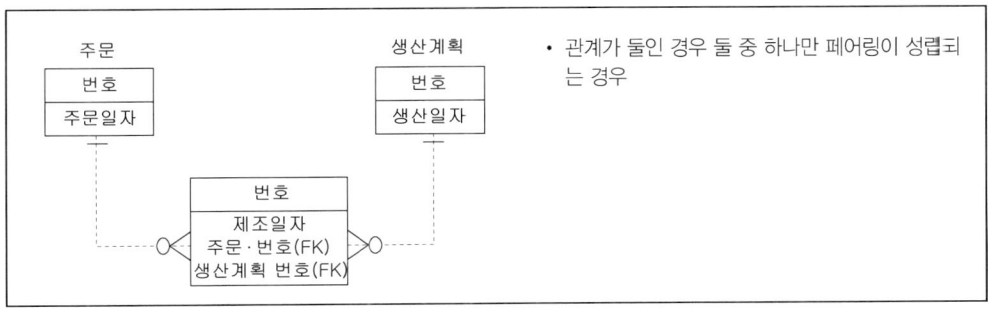

- 관계가 둘인 경우 둘 중 하나만 페어링이 성립되는 경우

4. 식별관계와 비식별 관계

가. 식별관계(Identification Relationship)

- 부모 엔티티 타입의 기본키가 자식 엔티티 타입 기본키의 일부분이 되는 관계

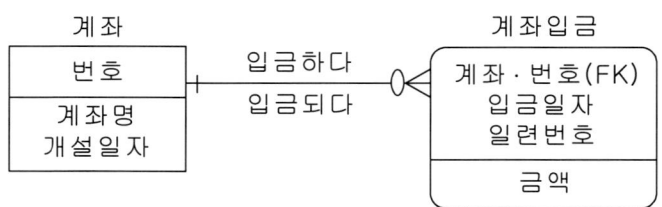

나. 비식별관계(Non Identification Relationship)
  - 부모 엔티티 타입의 기본키가 자식 엔티티 타입 기본키의 일부분이 아닌 관계

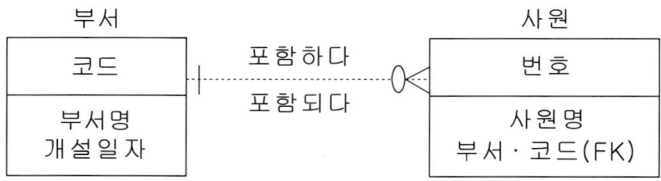

"끝"

문제〉	관계 데이터모델에서 약한 개체, 강한 개체에 대해서 설명하시오.		
카테고리	데이터베이스 〉 모델링	난이도	중

[문제풀이]

1. 관계 데이터 모델의 구성 단위인 개체의 개요

  가. 개체(Entity)의 정의

    - 식별 가능한 사건,사물의 의미 있는 하나의 정보단위를 표현하며, 단독으로 존재
      하며 다른 것과 구별되는 객체

나. 존재종속(Existence Dependency)

- 어떤 개체 b의 존재가 개체 a의 존재에 종속됨을 표현
- 한 개체의 존재여부는 관계된 개체가 있을 때에만 가능
- 주개체(Dominant Entity), 종속개체(Subordinate Entity)로 분리
- 강한 개체와 약한 개체의 분류 기준 및 관계를 제시

2. 강한 개체와 약한 개체

가. 약한 개체와 강한 개체 주요 개념

약한 개체	– 자기자신만의 애트리뷰트로 키를 명세할 수 없는 개체 타입 – 한 개체는 다른 개체에 대해 존재 종속적 – 다른 개체로부터 부분 혹은 전체적으로 유도된 키를 가짐
강한 개체	– 자기자신만의 애프리뷰트로 키를 명세 가능한 개체타입 – 한 개체가 다른 개체에 존재 독립적
구별자	– 강한 개체와 연관된 약한 개체 집합에서 이들을 서로 구별할 수 있는 애트리뷰트
식별관계타입	– 약한 개체를 강한 개체에 연관

나. 강한 개체와 약한 개체 사례

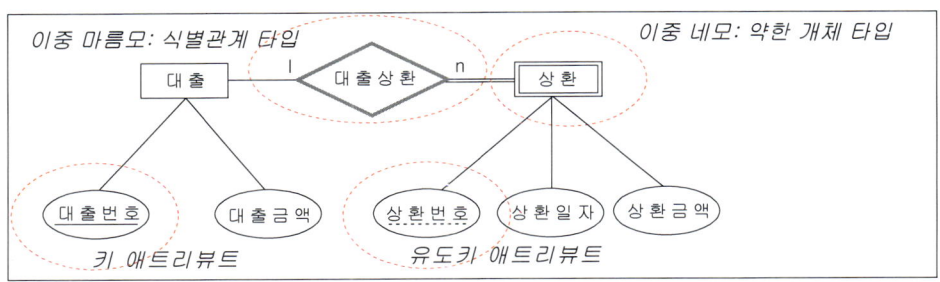

– 상환 엔티티의 경우 자신의 애트리뷰트로 혼자 스스로 키를 명세할 수 없음
(왜냐하면 대출 없이 상환이 없으므로)
– 따라서 대출 엔티티의 대출번호 애트리뷰트로 유도된 상환번호 유도키 애트리뷰트
를 가짐

3. 개체의 유형 및 사례

개체 유형	사 례
ID종속개체	– 그 자신의 식별자가 다른 개체의 식별자를 포함
약한 개체	– 자기자신의 애트리뷰트로만 키를 명세할 수 없는 개체 타입
교차 엔티티	– N:M카디널리티 관계시, 그 어디에도 외래키 배치가 곤란시 도출되는 제3의 엔티티
서브타입 개체	– 전체인 슈퍼타입의 부분집합

"끝"

2) 정규화

데이터베이스 정규화는 데이터베이스의 중복을 제거하여 이상현상을 해결하는 일련의 과정이며 수학적인 원리를 기반으로 한다.

먼저, 우리는 정규화를 하지 않았을 때 발생하는 이상현상에 대해서 알아보자.

이상현상은 삽입이상(INSERTION Anomaly), 수정이상(UPDATE Anomaly), 삭제이상(DELETETION Anomaly)으로 나누어진다. 그럼 아래의 예를 보자.

제품 번호	제품명	재고 수량	주문 번호	수출 여부	고객 번호	사업자 번호	우선 순위	주문 수량
1001	모니터	1,990	AB345	X	4520	398201	1	15□
1001	모니터	1,990	AD347	Y	2341	–	3	60□
1007	마우스	9,702	CA210	X	3280	200212	8	12(0)
1007	마우스	9,702	AB345	X	4520	398201	1	30□
1007	마우스	9,702	CB230	X	2341	563892	3	39□
1201	스피커	2,108	CB231	Y	8320	–	2	8(0)

위의 예는 78회 정보관리 기술사 문제에 출제된 예제이다. 우선 위의 예를 보면 제품에 관련한 애트리뷰트와 주문에 관련된 애트리뷰트로 되어 있다. 위의 예를 정규화를 수행하기 전의 엔티티이며 정규화를 수행하기 전에 위의 엔티티에 데이터를 삽입, 수정, 삭제를 할 경우 어떠한 문제가 발생하는지를 알아보면 이상현상이 무엇이고 이것을 왜 해소해야 하는지를 이해 할 수 있을 것이다.

우선 위의 예에서 식별자는 '제품번호 – 주문번호'로 이루어진다. 이러한 경우 신규 제품이 회사에 입고 되었으며 제품번호는 1008이고 제품명은 키보드이며 수량은 1개이다.

이러한 경우 위의 엔티티에 데이터를 삽입하려고 하면 제품번호 + 주문번호로 이루어지는 식별자에 주문정보가 없으므로 제품이 입고 되어서 제품을 삽입하려고 해도 삽입 할 수가 없을 것이다. 이러한 경우를 '삽입이상'이라고 한다.

수정이상과 삭제이상도 이러한 경우이다. 즉, 데이터를 수정하는데 '제품번호 + 주문번호'라는 두 개의 식별자로 인해서 데이터를 수정하면 데이터 불일치 문제가 발생한다. 또한 삭제이상은 제품이 삭제되는 경우 주문정보 또한 같이 삭제되는 문제가 발생한다.

〈표 12〉 이상현상의 종류

이상현상의 종류	주요 내용
삽입이상 (INSERTION Anomaly)	− 릴레이션 R에서 특정 데이터를 삽입 할 경우 원하지 않는 불필요한 정보까지 삽입해야 하는 현상
수정이상 (Update Anomaly)	− 릴레이션 R에 특정 애트리뷰트 갱신 시에 중복 저장되어 있는 애트리뷰트 중에서 하나만 갱신하고 나머지는 갱신되지 않아 발생하는 데이터의 불일치 현상
삭제이상 (Deletion Anomaly)	− 릴레이션 R에 특정 애트리뷰트를 삭제하는 경우 원하지 않는 정보까지 삭제해야 하는 현상

결론적으로 이상현상이라는 것은 데이터의 중복성으로 인해 릴레이션을 조작할 때 발생하는 비합리적 현상을 의미하며 이러한 이상현상을 해결하기 위해서는 데이터의 중복을 제거하는 정규화 과정이 필요한 것이다.

그럼, 지금부터는 이러한 이상현상을 해결하기 위한 방법인 정규화에 대해서 알아보자.

정규화(Normalization)는 관계형 데이터베이스에서 데이터 일관성, 최소한의 데이터 중복, 최대한의 데이터 안전성을 위한 방법으로 데이터를 분해하는 일련의 과정이며 〈표 13〉과 같은 기본원리를 기반으로 한다.

〈표 13〉 정규화의 기본원리

정규화의 기본원리	주요 내용
무손실 분해 (Lossless Decomposition)	− 하나 이상의 릴레이션을 두 개 이상의 릴레이션으로 분해해도 손실이 발생하면 안 되는 원칙 예) X − 〉A, B로 분해해도 A, B로 X를 유추 할 수 있어야 함
함수적 종속성 (Functional Dependency)	− 릴레이션의 한 애트리뷰트 X가 다른 애트리뷰트 Y를 결정 지을 때 Y는 X에 함수적으로 종속 예) X − 〉Y

그럼 정규화의 절차에 대해서 알아보자. 정규화의 절차는 제1정규화, 제2정규화 등의 절차로 이루어지며 각 단계별로 특별한 원칙을 기준으로 데이터의 중복을 제거하는 과정이다.

〈표 14〉 정규화의 절차

정규화의 절차	주요 내용
제1정규화	– 애트리뷰트의 원자성 – 이것은 원자 값이 아닌 애트리뷰트를 분해하는 과정이다. – 즉, 엔티티를 대표하는 식별자를 선정하며 이것은 유일성을 만족해야 한다
제2정규화	– 부분함수 종속성 제거 – 우선 제2 정규화는 제1 정규화 결과 엔티티 중에서 식별자가 2개 이상인 엔티티만 대상으로 한다. – 부분함수 종속성이란 식별자를 제외한 모든 애트리뷰트는 식별자에 종속해야 한다라는 원칙이다.
제3정규화	– 이행함수 종속성 제거 – 즉, 식별자를 제외하고 애트리뷰트 간의 종속성을 확인하여 애트리뷰트 간의 종속성이 있는 경우 분해해야 한다.
BCNF	– Boyce- Code Normalization – BCNF는 릴레이션 R이 제3 정규화를 만족하고, 릴레이션 R의 모든 식별자가 후보키의 역할을 수행 예) 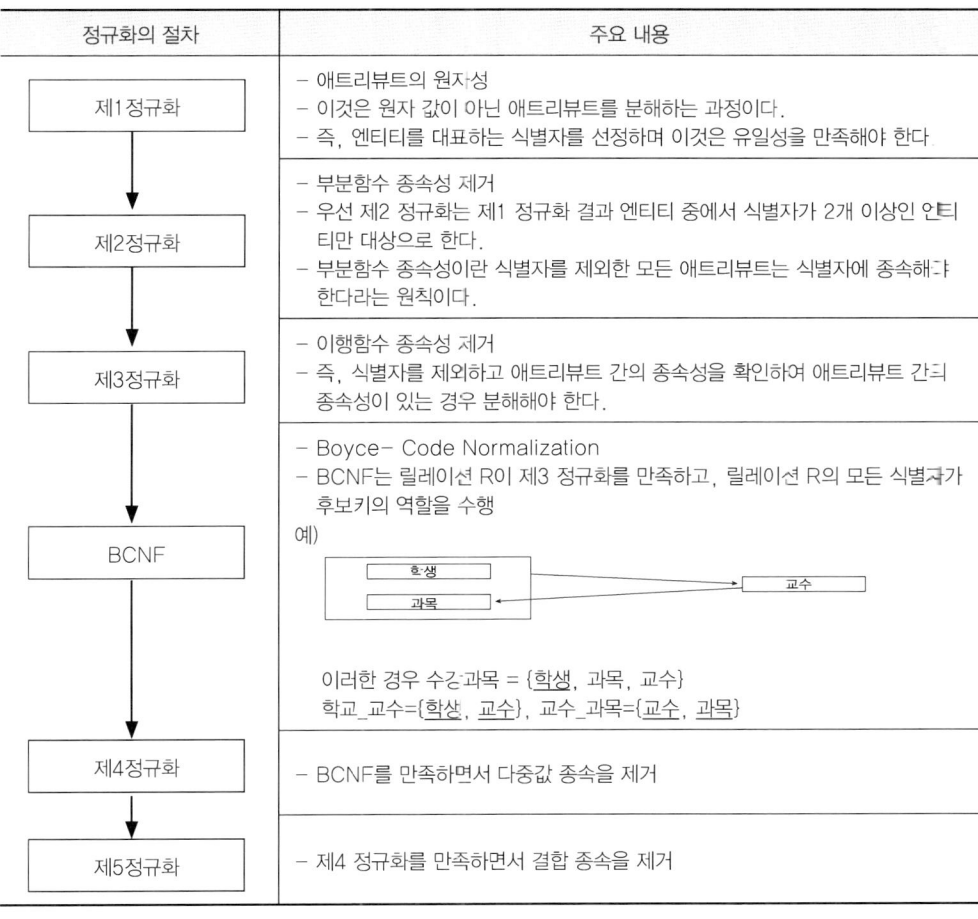 이러한 경우 수강·과목 = {학생, 과목, 교수} 학교_교수={학생, 교수}, 교수_과목={교수, 과목}
제4정규화	– BCNF를 만족하면서 다중값 종속을 제거
제5정규화	– 제4 정규화를 만족하면서 결합 종속을 제거

– 후보키: 최소성과 유일성을 만족하면서 식별자로써 수행될 수 있지만 식별자르 선

택되지 않는 애트리뷰트

– 정규화는 제3정규화나 BCNF까지만 수행함

그럼, 지금부터는 정보관리 기술사 기출문제 정규화를 대상으로 위의 정규화의 원리를 적용해 보자.

[문제] 제1정규화와 제2정규화를 수행하라

제품 번호	제품명	재고 수량	주문 번호	수출 여 부	고객 번호	사업자 번호	우선 순위	주문 수량
1001	모니터	1,990	AB345	X	4520	398201	1	150
1001	모니터	1,990	AD347	Y	2341	–	3	600
1007	마우스	9,702	CA210	X	3280	200212	8	1200
1007	마우스	9,702	AB345	X	4520	398201	1	300
1007	마우스	9,702	CB230	X	2341	563892	3	390
1201	스피커	2,108	CB231	Y	8320	–	2	80

우선 문제는 제1정규화와 제2정규화를 수행하라는 문제이다. 그러므로 제1정규화는 애트리뷰트의 원자성이므로 이것은 엔티티에서 엔티티를 유일하게 만들 수 있는 식별자를 찾는 과정이다.

[제1정규화 수행 방법]

우선 애트리뷰트를 보고 한 개의 애트리뷰트로 유일성을 만족 할 수 있는지 확인한다.

그러면 제품번호는 1001,1001 등이 한 번 이상 나오므로 중복되고 주문번호 또한 AB345가 두 번 나와서 중복된다. 결과적으로 한 개의 애트리뷰로는 유일성을 만족 할 수 없다. 그러므로 2개의 조합으로 유일성을 만족 할 수 있는지 확인해 보아야 한다.

그러면 제품번호 + 주문번호가 식별자가 되면 엔티티의 유일성을 만족하게 된다. 제1
정규화는 이러한 식별자를 찾는 과정이며 여기까지 수행하면 된다.

[제1정규화 수행결과]

제품 번호	제품명	재고 수량	주문 번호	수출 여부	고객 번호	사업자 번호	우선 순위	주문 수량
1001	모니터	1,990	AB345	X	4520	398201	1	15□
1001	모니터	1,990	AD347	Y	2341	–	3	60□
1007	마우스	9,702	CA210	X	3280	200212	8	120□
1007	마우스	9,702	AB345	X	4520	398201	1	30□
1007	마우스	9,702	CB230	X	2341	563892	3	39□
1201	스피커	2,108	CB231	Y	8320	–	2	8□

그럼 제2정규화를 수행해 보자.

[제2정규화 수행 방법]

제2정규화는 식별자가 2개 이상인 애트리뷰트로 구성된 경우가 대상이 되고 1개의 애
트리뷰트가 식별자인 경우는 제외대상이다. 그러므로 위의 제1정규화의 결과는 식별자가
제품번호 + 주문번호이므로 제2 정규화 대상이다.

제2정규화는 모든 애트리뷰트(제품명, 재고수량, 수출여부 등)가 식별자에 종속해야
하며 그렇지 않는 경우에는 분해한다. 확인 방법은 제1정규화와 마찬가지로 중복을 확인
하는 것이다.

제품 번호	제품명	재고 수량
1001	모니터	1,990
1001	모니터	1,990

위의 경우를 보면 1001, 모니터가 중복되는 것을 확인 할 수가 있다. 이러한 경우에는 엔티티를 분해하는 것이 제2정규화이다.

이번에는 주문번호에 중복되는 경우가 있는지를 확인 해 보자.

주문 번호	수출 여부	고객 번호	사업자 번호	우선 순위
<u>AB345</u>	<u>X</u>	<u>4520</u>	<u>398201</u>	<u>1</u>
AD347	Y	2341	–	3
CA210	X	3280	200212	8
<u>AB345</u>	<u>X</u>	<u>4520</u>	<u>398201</u>	<u>1</u>

위의 경우도 AB345 주문번호에 중복이 발생한다. 이러한 경우는 분해를 해야 한다.
결과적으로 최종 엔티티는 다음과 같다.

엔티티명: 제품

제품 번호	제품명	재고 수량

엔티티명: 주문_고객

주문 번호	수출 여부	고객 번호	사업자 번호	우선 순위

엔티티명: 주문

제품 번호	주문 번호	주문 수량

위와 같이 3개의 엔티티가 도출되는 것이다.

이제 정규화에 대해서 마지막으로 정규화의 문제점에 대해서 알아보자.

정규화를 하면 엔티티가 많이 생긴다. 그러므로 관계형 데이터베이스에서 엔티티 간의 연결을 위하여 조인(JOIN)이 다소 발생하고 일반적으로는 조인은 데이터베이스의 성능을 저하시키는 요인이다. 이러한 문제점을 해결하기 위해서 물리적 모델링 단계에서 반정규화를 수행하여 조인을 최소화 하고 성능향상을 시도한다. 하지만, 정규화 단계에서 반정규화를 고려하여 정규화를 수행하지 말고 반정규화는 또 다른 단계로서 접근하기를 권고한다.

[정규화의 문제점]
- 조인의 발생으로 SQL의 복잡도 증가, 성능저하 발생
- 분해된 엔티티 간의 참조 무결성 설정 필요

문제〉	다음의 테이블을 정규화 하시오.		
카테고리	데이터베이스 〉 모델링 〉 논리모델링 〉 정규화	난이도	중

[문제풀이]

과목	교수	연구실	강의실	건물	학년	학년대표
DB	김교수	501	101,102	A,B	1,2	홍대표, 황대표
DB	이교수	502	101,102	A,B	1,2	홍대표, 황대표
SE	김교수	501	102,103	B,C	1,2	홍대표, 황대표
CA	이교수	502	104,105	C,D	2,3	황대표, 송대표

1. 데이터베이스의 중복을 제거하기 위한 정규화의 개요

가. 정규화(Normalization)의 정의

- 관계형 데이터베이스의 중복을 제거하기 위해 릴레이션을 수학적인 원리에 의해서 분해하는 일렬의 과정

나. 정규화를 하지 않았을 때의 문제점

이상현상의 종류	주요 내용
삽입이상 (Insertion Anomaly)	- 릴레이션 R에서 특정 데이터를 삽입 할 경우 원하지 않는 불필요한 정보까지 삽입해야 하는 현상
수정이상 (Update Anomaly)	- 릴레이션 R에 특정 애트리뷰트 갱신 시에 중복 저장되어 있는 애트리뷰트 중에서 하나만 갱신하고 나머지는 갱신되지 않아 발생하는 데이터의 불일치 현상
삭제이상 (Deletion Anomaly)	- 릴레이션 R에 특정 애트리뷰트를 삭제하는 경우 원하지 않는 정보까지 삭제해야 하는 현상

2. 정규화의 원칙 및 정규화 절차

원 칙	주요 내용
무손실 분해	– X– 〉 A, B로 분해 후 A, B로 X를 유추할 수 있어야 함
종속성 유지	– 릴레이션 분해 후에도 종속성 유지

가. 정규화의 절차

절 차	주요 내용
제1정규화	– 모든 속성 값은 원자· 값이어야 함
제2정규화	– 제 1정규화를 만족한 부분함수 종속성 제거 (식별자가 2개 이상인 엔티티 대상) – 부분함수 종속성 제거: 모든 애트리뷰트는 식별자에 함수적 종속
제3정규화	– 제2정규화를 만족ㅎ·고 이행함수 종속성 제거 – 애트리뷰트 간의 종속성 제거
BCNF	– 제3정규화를 만족ㅎ·고 결정자인 후보키 제거
제4정규화	– BCNF를 만족하고 다중 종속성 제거
제5정규화	– 제4정규화를 만족하고 조인 종속성 제거

3. 정규화 문제풀이

가. 제1정규화: 원자 값을 갖는 속성으로 변경

과목	교수	연구실	강의실	건물	학년	학년대표
DB	김교수	501	101,102	A,B	1, 2	홍대표, 황대표
DB	이교수	502	101,102	A,B	1, 2	홍대표, 황대표
SE	김교수	501	102,103	B,C	1, 2	홍대표, 황대표
CA	이교수	502	104,105	C,D	2, 3	황대표, 송대표

나. 제2정규화: 부분함수 종속성 제거

과목	교수	강의실	건물	학년	학년대표
DB	김교수	101	A	1	홍대표
DB	김교수	102	B	2	황대표
DB	이교수	101	A	1	홍대표
DB	이교수	102	B	2	황대표

교수	연구실
김교수	501
이교수	502

다. 제3정규화: 이행함수 종속성 제거

과목	교수	강의실	건물	학년
DB	김교수	101	A	1
DB	김교수	102	B	2
DB	이교수	101	A	1
DB	이교수	102	B	2

교수	연구실
김교수	501
이교수	502

학년	학년대표
1	홍대표
2	황대표
3	송대표

라. BCNF: 결정자인 후보키 제거
- 제3 정규화에서 강의실을 알면 건물을 알 수 있는 종속성 발생
- 이때 건물이 식별자의 일부분이므로 엔티티가 분할하고 식별자가 변경, 이 식별자에 대한 종속성이 제거되면 이것이 BCNF임

과목	교수	강의실	학년
DB	김교수	101	1
DB	김교수	102	2
DB	이교수	101	1
DB	이교수	102	2

교수	연구실
김교수	501
이교수	502

학년	학년대표
1	홍대표
2	황대표
3	송대표

강의실	건물
101	A
102	B

4. 정규화 시의 주요 고려사항

가. 데이터베이스의 일관성 유지를 위해서 BCNF까지의 정규화가 필요하다. 많은 정규화는 데이터베이스의 조인(JOIN)를 많이 발생 시켜 SQL의 성능을 저하시킬 수 있다.

나. 성능해결을 위해서 데이터의 중복을 허용하는 반정규화를 실시 할 수 있다. 하지만 데이터베이스 설계 초기부터 반정규화를 고려하여 데이터베이스 모델링을 수행하지 말고 정규화를 수행 후에 물리적 모델링 단계에서 고려하는 것을 권고한다.

"끝"

문제〉	아래의 스키마와 데이터를 보고 릴레이션을 분해하는 정규화를 수행하라. 정규화는 제2정규화까지 수행하고 만약 제3정규화가 된다면 제3정규화를 수행하고 제3정규화가 되지 않으면 제3정규화가 되게 제2정규화 결과의 데이터를 수정하시오. 아래 테이블:

학 번	지 도 교 수	학 과	과 목 번 호	성 적
8701	P1	정 보 통 신	A01	A+
8701	P1	정 보 통 신	A02	A0
8801	P3	전 기	B02	B0
8901	P3	컴 퓨 터	A01	C0
8901	P3	컴 퓨 터	C01	A+
8901	P3	컴 퓨 터	B02	B0
8902	P3	컴 퓨 터	C01	C0
8903	P2	컴 퓨 터	A01	A+
9002	P4	컴 퓨 터	A02	B+

카테고리	데이터베이스 〉 모델링 〉 논리모델링 〉 정규화	난이도	중

[문제풀이]

1. 제1정규화: 애트리뷰트의 원자성, 기본키로 나머지 칼럼을 완전 함수종속성, 반복필드 제거

학 번	지 도 교 수	학 과	과 목 번 호	성 적
8701	P1	정 보 통 신	A01	A+
8701	P1	정 보 통 신	A02	A0
8801	P3	전 기	B02	B0
8901	P3	컴 퓨 터	A01	C0
8901	P3	컴 퓨 터	C01	A+
8901	P3	컴 퓨 터	B02	B0
8902	P3	컴 퓨 터	C01	C0
8903	P2	컴 퓨 터	A01	A+
9002	P4	컴 퓨 터	A02	B+

- 학번과 과목번호로 지도교수, 학과, 성적을 완전 함수 종속함

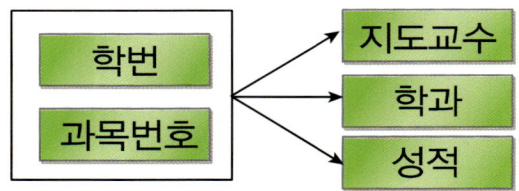

2. 제2정규화: 제1정규화 결과이면서 기본키가 2개 이상으로 구성된 조합 기본키 릴레이션을 대상으로 함, 조합 기본키의 경우 부분 키가 칼럼을 함수적으로 종속시키면 분해 즉, 부분 함수 종속성 제거

학번	지도교수	학과
8701	P1	정보통신
8801	P3	전기
8901	P3	컴퓨터
8902	P3	컴퓨터
8903	P2	컴퓨터
9002	P4	컴퓨터

학번	과목번호	성적
8701	A01	A+
8701	A02	A0
8801	B02	B0
8901	C01	A+
8901	B02	B0

3. 제3정규화: 제2정규화 결과이면서 기본키를 제외한 칼럼이 두 개 이상인 릴레이션
   - 학번/지도교수/학과 테이블이 해당됨
   - 칼럼 간에 함수적 종속성이 있으면 제거하는 이행함수종속성 제거

학번	지도교수	학과
8701	P1	정보통신
8801	P3	전기
8901	P3	컴퓨터
8902	P3	컴퓨터
8903	P2	컴퓨터
9002	P4	컴퓨터

- 본 릴레이션은 제3정규화 조건은 만족하지만 지도교수가 학과를 함수적으로 종속하지 못함
- 그러므로 제3정규화는 되지 않음

– 만약 위의 릴레이션에 있는 데이터가 아래와 같이 변경된다면 제3정규화가 가능함

학번	지도교수	학과
8701	P1	정보통신
8801	P4	전기
8901	P3	컴퓨터
8902	P3	컴퓨터
8903	P2	경영
9002	P4	전기

- 즉, 지도교수 P3가 P4로 수정되고 P2의 학과가 경영으로 수정된다면 이행함수 종속성이 발생함
- 즉 지도교수를 기본키로 해서 지도교수_학과 릴레이션이 분해됨

"끝"

문제〉	"학번_지도교수" 릴레이션 학생들이 수강한 과목의 성적을 나타내는 릴레이션이다. 또한 이 릴레이션은 지도교수 정보로서 지도교수명과 지도교수의 소속 학과 정보도 함께 지고 있다. 즉 한 학생은 여러 과목을 수강 할 수 있기 때문에 특정 투플을 유일하게 식별하기 위해서는 학번과 과목번호가 복합 애트리뷰트의 형태로 기본키가 되어야 성적을 식별할 수 있다. 스키마와 함수종속성(Functional Dependency)은 다음과 같다. "수강_지도" 릴레이션: (학번, 과목번호, 지도교수명, 학과명, 성적) 함수종속성(FD): 1. 학번 ‖ 과목번호 → 성적 2. 학번 → 지도교수명 3. 학번 → 학과명 4. 지도교수명 → 학과명 가. 함수종속도표를 작성하시오. 나. 1차 정규형 스키마인 "수강ㆍ지도" 테이블에서 부분종속성을 제거하여 2차 정규형 테이블을 설계하시오. 다. "나"항에서 생성된 2차 정규형 테이블에서 이행종속성을 제거하고 3차 정규형 테이블을 설계하시오. 라. 1차 정규형 테이블에서 2차, 3차 정규화 과정을 수행하지 않고서 한번에 보이스- 코드 정규형 테이블을 설계할 수 있는 방법을 설명하시오.		
카테고리	데이터베이스 〉 모델링 〉 논리모델링 〉 정규화	난이도	상

[문제풀이]

1. 함수적 종속표 작성

  가. 수강_지도 엔티티

    – 수강_지도: {학번, 과목번호, 지도 교수명, 학과명, 성적}

  나. 함수적 종속성 표현

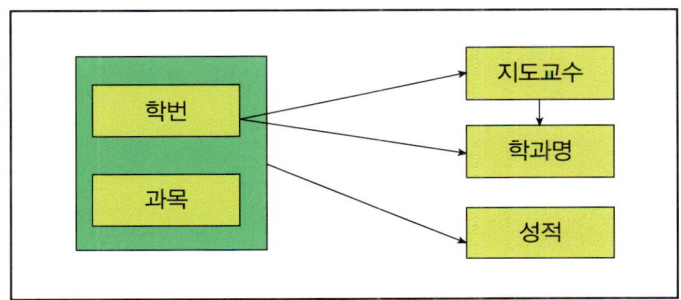

2. 정규화 수행

가. 제2정규화 수행

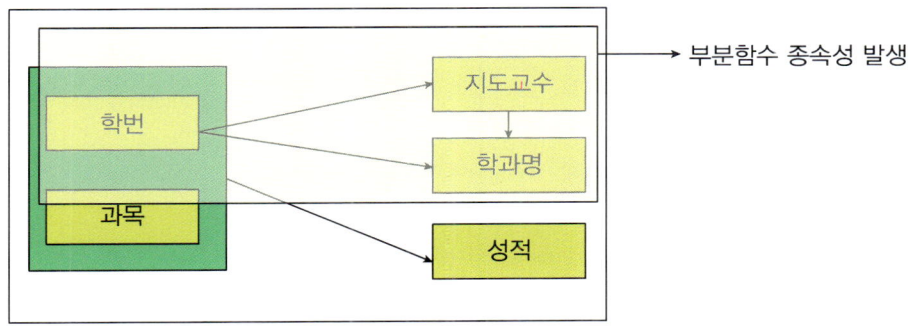

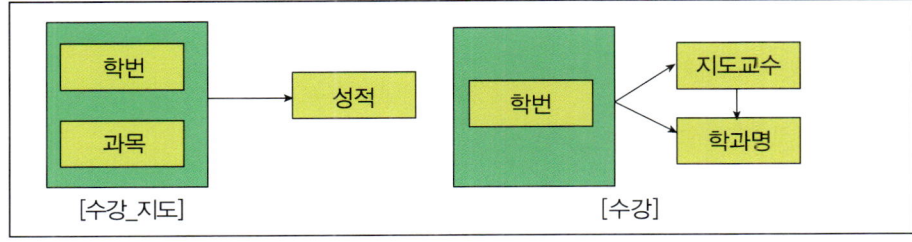

나. 제3정규화 수행

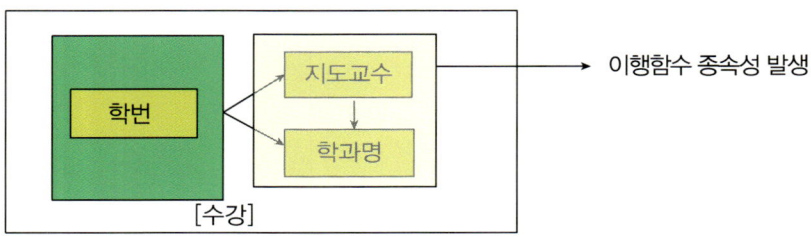

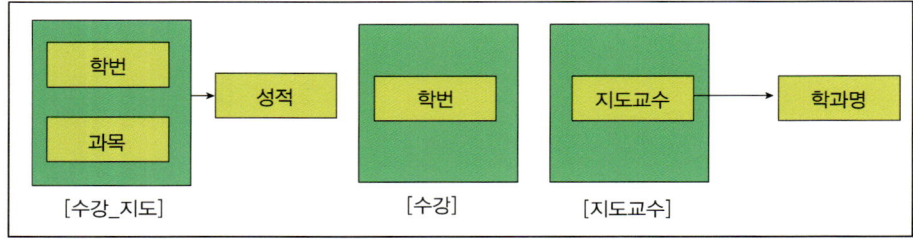

3. 제2/3 정규화를 수행하지 않고 한번에 BCNF까지 수행하는 방법

　– 함수적 종속도를 활용하여 바로 BCNF까지 모델링 수행

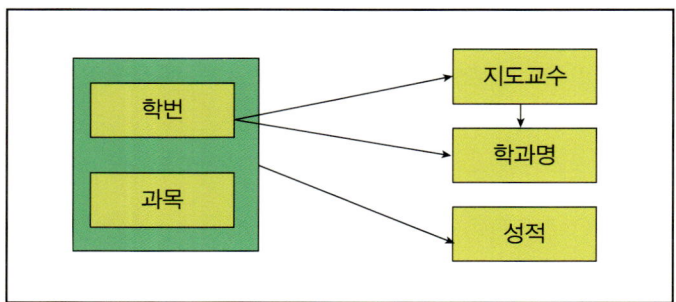

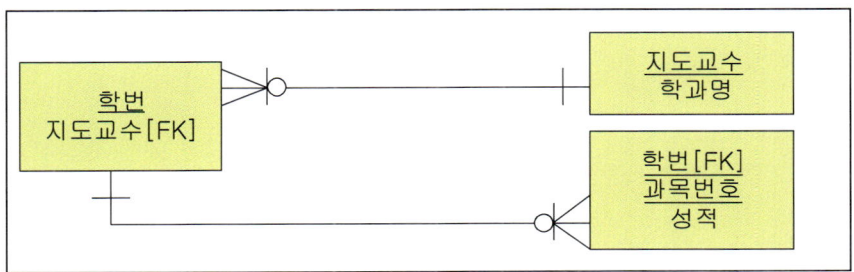

'끝'

문제〉	아래의 테이블과 주어진 속성간의 관계에서 발생되는 데이터의 입력, 삭제, 갱신이상 (Anomaly) 현상의 예를 기술하시오.		
카테고리	데이터베이스 〉 정규화	난이도	하

[문제풀이]

1. 이상현상

가. 이상현상(Anomaly)의 정의

- Relation Scheme 내에서 데이터간 종속성, 데이터 일관성이 비논리적으로 설계되어, 릴레이션 R 내에 데이터에 대해 변경(삽입,갱신,삭제)작업 수행 발생하는 부작용 현상

나. 이상현상의 발생원인 및 해결

- 애트리뷰트 간 존재하는 여러 종속관계를 단일 릴레이션으로 표현 시 발생

- **(1) 무손실 분해**, 데이터 중복제거에 의거한 스키마 변환 작업 수행(정규화)

2. 이상현상의 종류 및 사례풀이

가. 이상현상의 유형

갱신이상	– 릴레이션 R에서 특정 속성 값 갱신시 중복 저장되어 있는 속성 값 중 하나만 갱신하고, 나머지는 갱신하지 않아 발생 하는 데이터 불일치 현상
삽입이상	– 릴레이션 R에서 특정 **(2) 투플**을 삽입할 경우 원하지 않는 데이터까지 삽입 해야 되는 현상
삭제이상	– 릴레이션 R에서 특정 투플을 삭제할 경우, 원하지 않는 정보까지 삭제 되는 현상(데이터손실)

나. 사례에서 발생되는 이상현상 도출

사번	부서코드	부서명
100	A10	기획부
200	A20	인사부
300	A30	영업부
400	A10	기획부

사번	→	부서코드	→	부서명

1) 삽입이상: '부서코드가 A40인 판매부' 데이터를 릴레이션 내 삽입 시도 시, 사번이 키 값이므로, 가상의 임시 사번 코드를 삽입하지 않는 한 데이터 삽입 불가, 데이터 입력 시 불필요한 추가 정보 발생

2) 갱신이상: 기획부의 부서코드를 A10→B10으로 갱신 시도 시, 사번이 100인 투플과 사번이 400인 투플을 모두 갱신하지 않으면 일부 투플에서 정보의 모순성(Inconsistency)발생하여 갱신이상 발생

3) 삭제이상: 사번 200이 퇴사함으로써 200번 투플을 삭제 시도 시, A20부서코드의 부서명이 인사부라는 정보까지도 삭제됨, 한 투플을 삭제함으로써 유지되어야 할

정보까지 연쇄 삭제되어, 정보의 손실(Loss of Information) 초래하여 삭제이상
발생

3. 이상현상 제거

사번	부서코드
100	A10
200	A20
300	A30
400	A10

사번	→	부서코드

부서코드	→	부서명

부서코드	부서명
A10	기획부
A20	인사부
A30	영업부

– 사번, 부서코드, 부서명 간에는 이행함수 종속성 발생하고 있는 2NF 릴레이션
– 이를 제거하기 위하여 3NF 수행하여 대상 릴레이션을 분리하면 이상현상 해결됨

"끝"

[풀이]

– 데이터의 무결성을 보장하기 위한 방안으로 데이터 클린징, 데이터의 메타 데기터
관리를 위한 데이터 Dictionary 부분에 대한 추가적인 관심이 필요

[주요 용어 설명]

    (1) 무손실 분해: 릴레이션이 두 개로 나눈 후 다시 Join을 통해서 원래의 정보를 가져올 수 있는 것(정보손실이 발생하지 않음)

    (2) 투플(Tuple): 테이블의 각행, 원소수(Cardinality, 한 릴레이션에 있는 투플의 수)

문제〉	관계형 데이터베이스 설계 시 테이블 스키마(R)와 함수종속성(FD)이 아래와 같이 주어졌을 때, 다음 질문에 답하시오. 가) 함수종속도표(FDD : Functional Dependency Diagram)를 작성하시오. 나) 스키마 R(A, B, C, D, E, F, G, H, I)에서 키(key)값을 찾아내고 그 과정을 설명하시오. 다) 2차 정규형 테이블을 설계하고 각 테이블의 키(key)값을 명시하시오. 라) 3차 정규형 테이블을 설계하고 각 테이블의 키(key)값을 명시하시오.		
카테고리	DB 〉 정규화	난이도	중

[문제풀이]

1. 데이터 작업 수행 시 이상현상을 제거하는 정규화의 개요

    가. 정규화(Normalization)의 정의

        – 릴레이션 내 이상현상을 야기하는 속성간의 종속관계를 파악하여 종속관계가 사라지도록 릴레이션을 무손실 분해하는 스키마 변환 과정

    나. 정규화의 원칙

        – 정보의 무손실 표현: 하나의 스키마에서 다른 스키마로 변환시킬 때 정보의 손실이 있어서는 안 됨, 변환된 스키마는 변환되기 전 스키마 표현하는 모든 정보 포함

        – 데이터의 중복 감소: 중보제거를 통한 이상현상을 제거

        – 분리의 원칙: 하나의 독립된 관계성은 하나의 독립된 릴레이션으로 분리시켜 표현, 릴레이션 처리의 독립성 보장

2. 함수종속도표(Functional Dependency Diagram) 작성

- 함수종속도표: 한 릴레이션 내에서 애트리뷰트 간 복잡한 함수종속관계를 이해하기 쉽게 표현한 도해

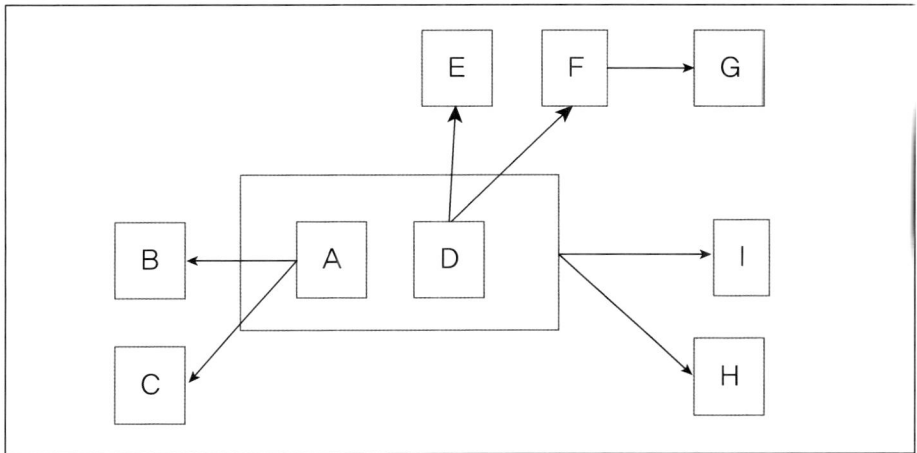

3. 주어진 스키마 R내에서의 키 값 도출 과정

가. 개념정의: 릴레이션 R내의 애트리뷰트의 집합 A={A1, A2, ⋯ An}의 부분집합 K에 대해(K⊆A)

1) 유일성(Uniquness): R내의 모든 투플에 대해 K의 값(V1, V2,⋯Vk)가 모두 다르고 유일

2) 최소성(Minimality): K가 둘 이상의 애트리뷰트로 구성시 어느 한 애트리뷰트만 생략되어도 유일성이 깨지는 속성

3) 키(key): 릴레이션 내 투플을 유일하게 식별할 수 있는 애트리뷰트의 집합

4) 후보키(Candidate Key): 유일성과 최소성을 만족시키는 키(cf: 수퍼키- 유일성만 만족하고 최소성은 만족 못하는 키)

5) 함수적 종속성 추론 규칙(암스트롱의 법칙)

나. 키 도출

1) 결정자 확보

　－ 이행성 규칙 (D→F, F→G이면 D→G)에 의거 F는 결정자 탈락

　－ 따라서 유일성을 확보할 수 있는 후보인 결정자(Determinant)는 A, D, AD임

2) **(1) 유일성** 식별

　－ 결정자 A, D 개별로는 유일성 만족 못함, AD 복합 애트리뷰트는 유일성 만족

3) **(2) 최소성** 식별

　－ AD 복합 애트리뷰트 중 어느 하나를 생략하면 최소성이 파괴됨, 최소성 만족

　∴ **(3) 후보키**(Candidate Key)는 AD임

4. 정규화 수행

가. 2차 정규화 수행 및 테이블 키 값 명시

　－ 2차 정규형: 1NF 내에서 부분함수 종속성 제거, 완전함수 종속화 수행된 정규화 형태

　－ 부분함수 종속성: X→Y에서 X가 복합 키이고, Y가 X의 부분집합에 종속

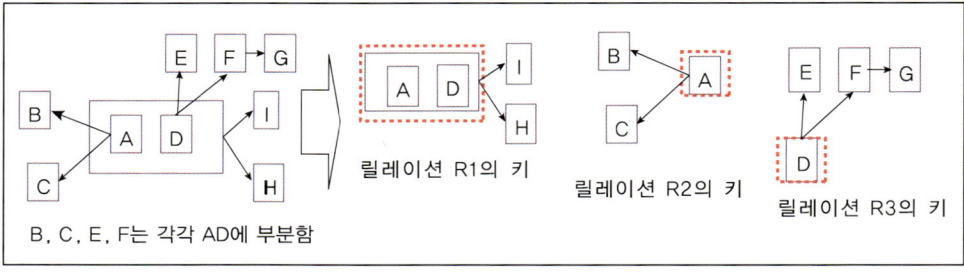

나. 3차 정규화 수행 및 테이블 키 값 명시

- 3차 정규형: 2NF 내에서 비 식별자 간 이행함수 종속성 제거
- 이행함수 종속성: X→Y, Y→Z이던, X→Z인 종속성

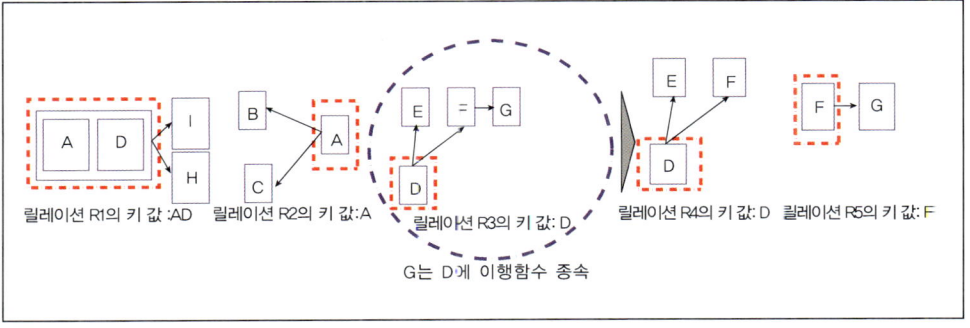

릴레이션 R1의 키 값 :AD   릴레이션 R2의 키 값:A   릴레이션 R3의 키 값: D   릴레이션 R4의 키 값: D   릴레이션 R5의 키 값: F

G는 D에 이행함수 종속

"끝"

[풀이]

- 77회부터 정보관리의 경우에는 꾸준하게 정규화 문제가 출제되고 있으며 정규화 문제는 이제는 선택이 아닌 합격을 위해서는 필수적인 준비가 필요한 부분이고 기출풀이 문제 분석을 통해서 다양한 정규화 문제를 접해보고 해결책을 풀어봄으로써 정규화 문제에 대한 적응력을 키워야 하며, 중요한 것은 문제의 유형을 외우는 것이 아닌 데이터 성격에 따른 데이터 분리의 이해가 중요한 부분임
- 정규화의 키 도출 방법은 데이터베이스의 기본 키를 찾는 과정으로 기본 키 조건인 최소성과 유일성을 만족하는 기본 키는 찾는 것에 있음

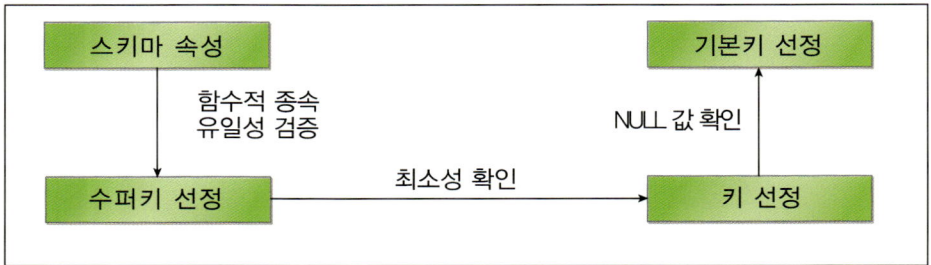

1) 함수적 종속성을 확인을 통해서 유일성을 검증
2) 최소성 확인 후 키 선정(후보 키 선정)
3) 후보키 중에서 엔티티 대표성을 기준으로 기본 키 확정

[주요 용어 설명]
  (1) 유일성: 속성의 집합인 키의 내용이 릴레이션 내에서 유일하다는 특성으로 릴레이션 내에서는 중복되는 투플이 존재하지 않는 것
  (2) 최소성: 속성의 집합인 키가 릴레이션의 모든 투플을 유일하게 식별하기 위해 꼭 필요한 속성들로 구성된 것을 의미하며 속성들의 집합에서 특정 속성 하나를 제거하면 투플을 유일하게 식별할 수 없는 경우에 해당
  (3) 후보키: 키의 특성인 유일성과 최소성을 만족하는 키를 지칭

3) 데이터베이스 무결성

이제 논리적 모델링의 마지막 단계로 데이터베이스 무결성에 대해서 알아보자.

데이터베이스 무결성은 데이터의 정확성, 유효성, 일관성, 신뢰성을 위해 무효갱신으로부터 데이터를 보호하는 개념이다.

즉, 데이터의 불일치나 데이터 오류를 방지하기 위한 성질로 이해 할 수 있다. 예를 들어, 성별이라는 애트리뷰트가 있고 성별이라는 애트리뷰트에는 남자의 경우 'M', 여자의 경우 'F'라는 데이터가 입력되어야 하는데 이 두 개의 값이 아닌 'S'가 입력되면 안 되는 것이다.

[그림 16] 무결성의 개념도

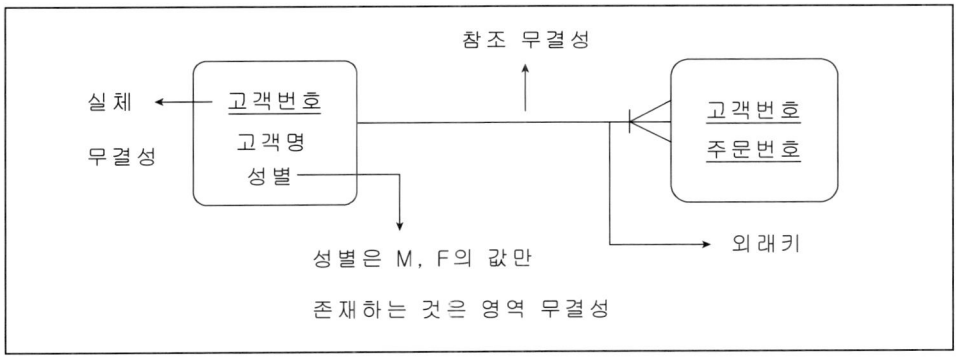

〈표 15〉 데이터베이스 무결성의 종류

무결성의 종류	주요 내용
실체 무결성 (Entity Integrity)	– 기본키(Primary Key)는 NULL값을 가질 수 없는 특성
참조 무결성 (Referential Integrity)	– 기본키와 외래키의 관계 – 외래키(Foreign Key)가 있는 데이블의 경우, 외래키의 값은 NULL이거나 관련 테이블에 대응하는 기본키가 있어야 하는 특성

무결성의 종류	주요 내용
영역 무결성 (Domain Integrity)	− 데이터 형태, 범위 검사, 기본값, 유일성에 관한 제한 − 주어진 애트리뷰트의 값이 '그 애트리뷰트가 정의된 도메인에 속한 값이어야 한 다'라는 특성
비즈니스 무결성 (Business Integrity)	− 업무규칙에 따른 비즈니스적인 제약조건

〈표 16〉 데이터베이스 무결성 제약방법

구 분	유 형	주요 내용
선언적	NOT NULL	− 애트리뷰트는 NULL를 가지지 않음
	UNIQUE	− 애트리뷰트의 값은 중복을 가지지 않음
	Primary Key	− UNIQUE + NOT NULL
	FOREIGN Key	− 엔티티상의 기본키가 하위의 애트리뷰트로 구현
	CHECK	− DML명령문(INSERT, DELETE, UPDATE, SELECT) 수행 결과 CHECK 조건이 거짓이 되면 취소됨
	DEFAULT	− 지정된 기본값이 삽입됨
절차적	Trigger	− 특정 조건이 되면 자동적으로 실행되는 프로시저
	Stored Procedure	− 데이터베이스 관리 시스템에서 제공되는 절차언어를 이용한 무결성 확보
	APPLICATION	− 비즈니스 로직을 갖고 있는 응용 APPLICATION에서 무결성 확보

이제 무결성의 예제를 보자. 먼저 정상적인 경우를 살펴보고 무결성 위배의 경우를 확인해 본다.

사원번호	이름	학벌
1	임호진	산업대 박사
2	임준혁	MIT 박사
3	임서연	하버드 박사

ID	계좌번호	급여	외래키
10	1111	1억 2천	1
20	2222	3억	2
30	3333	3억	3

위의 경우는 정상적으로 참조 무결성이 지켜진 경우이다. 그럼 이제 무결성이 위배된 경우를 확인해 보자.

사원번호	이름	학벌
1	임호진	산업대 박사
2	임준혁	MIT 박사

ID	계좌번호	급여	외래키
10	1111	1억 2천	1
20	2222	3억	2
30	**3333**	**3억**	**3**

무결성은 제약사항은 데이터베이스의 성능과 반비례 효과를 가진다. 많은 무결성 제약 조건을 설정하면 오버헤드가 발생하여 신규로 데이터를 삽입, 수정, 삭제하는 경우에 데이터베이스 관리 시스템은 무결성 검사를 수행 후에 작업을 처리한다.

하지만 무결성 위배로 발생하는 문제는 그보다 더 큰 문제를 발생시키므로 반드시 무결성 제약사항을 관리해야 할 것이다.

문제〉	데이터 무결성 종류와 데이타베이스 구축과정에서 수행하는 데이터무결성 확보방안에 대해 설명하시오.		
카테고리	데이터베이스 〉 데이터 무결성	난이도	하

[문제풀이]

1. 데이터베이스에 제약을 통한 데이터의 관리의 효율성 보장 데이터 무결성의 개요

가. 데이터 무결성의 개념

- 데이터의 정확성, 유효성, 일관성을 위해 무효갱신으로부터 데이터를 보호하는 개념

나. 데이터 무결성의 종류

종 류	주요 내용
실체 무결성 (Entity Integrity)	– 기본 키(Primary Key)는 NULL을 가질 수 없음
참조 무결성 (Referential Integrity)	– 기본 키와 외래 키 간의 관계 – 외래 키의 값은 NULL이거나 관련 테이블에 대응하는 기본 키가 있어야 하는 특성
영역 무결성 (Domain Integrity)	– 데이터 형태, 범위, 기본 값, 유일성에 관한 제한 – 주어진 애트리뷰트의 값이 그 애트리뷰트가 정의 된 도메인에 속한 값이어야 함
비즈니스 무결성 (Business Integrity)	– 업무적인 규칙에 따른 비즈니스적인 제한조건

2. 논리모델링 단계에서 수행하는 무결성 확보방안

가. 정규화의 개념

- 데이터의 일관성, 최소한의 데이터 중복, 최대한의 데이터 안전성을 위한 방벽으로 데이터를 분해하는 과정

나. 정규화의 절차

기본 원리	주요 내용
제1정규화	- 애트리뷰트의 원자성 : 원자 값이 아닌 애트리뷰트를 분해하는 과정, 식별자 선정
제2정규화	- 부분함수 종속성 제거 : 식별자를 제외한 모든 애트리뷰트는 식별자에 종속해야 함
제3정규화	- 이행 함수 종속성 제거 : 어트르 부트 간의 종속성을 제거하기 위해 분해
BCNF	- 릴레이션 R이 제 2정규화를 만족하고 릴레이션 R의 모든 식별자가 후보키 역할을 수행
제4정규화	- 다중값 종속성 제거
제5정규화	- 결합 종속성 제거

3. 물리모델링 단계에서 수행하는 무결성 확보방안

가. 무결성 구현을 위한 제약별 구성요소

제약명	종 류
속성 무결성	CHECK, NULL/NOT NULL, DEFAULT
엔티티 무결성	Primary Key, Unique Index
참조 무결성	Foreign Key
사용자 정의 무결성	Trigger, User Define Data Type

나. 구성요소별 세부사항

제약명	상세 내용
Primary Key	– 지정된 칼럼들이 유일성이 위배되는 일이 없음을 보장함 – Primary Key는 NULL 값이 될 수 없음
Unique	– 다중의 보조키 개념을 지원함 – Primary Key 와 마찬가지로 지정된 칼럼들의 유일성이 위배되지 않음을 보장 – Unique 는 NULL 허용
Foreign Key	– 테이블 간의 논리적 관계가 유지됨을 보장함 – Foreign Key 값은 반드시 참조하는 테이블의 Primary Key 값으로 나타나야 함 – Foreign Key 값은 NULL 값을 가질 수 있음
Data Type	– 데이터의 형을 제한 함으로서 데이터 무결성을 유지함
Check	– 데이터를 추가할 때마다 SQL 서버가 해당 값이 해당 칼럼들에 지정된 Check 제약을 위배하는지를 검사함으로써 데이터 무결성을 유지
Default	– 특정 칼럼에 대해 명시적으로 값을 입력하지 않은 경우에 SQL 서버가 자동적으로 지정된 값을 삽입할 수 있도록 함으로써 데이터 무결성을 유지 – INSERT 또는 UPDATE 에서 DEFAULT 키워드를 사용할 수 있음
Trigger	– 테이블의 내용을 변경하려는 특정 사건(DB 연산)에 대해서 DBMS가 미리 정의된 일련의 행동(DB 연산)들을 수행

4. DBMS 운용단계에서 무결성 확보방안

가. 동시성제어의 개요

– 데이터베이스 공유 때문에 발생하는 병렬 트랜잭션에 대해서 직렬성(Serializa-tion)을 보장하는 방법

나. 동시성제어 기법

1) 2PL(2 Phase Locking): 트랜잭션이 데이터에 대해서 잠금을 설정하면 다른 트랜잭션은 해당 데이터에 대해서 해제(Unlock)이 발생 할 때 까지는 접근 혹은 수정, 삭제가 불가능

단 계	주요 내용
성장단계	데이터를 잠금만 하고 해제는 불가능
축소단계	해제만 가능하고 잠금은 불가능

2) Timestamp: 트랜잭션에게 수행될 순서를 기준으로 수행하는 방법으로 System Clock 혹은 Logical Counter를 활용

운영 방식	주요 내용
읽기 Timestamp	데이터 항목에 대해서 읽기를 수행한 최종 타임스탬프
쓰기 Timestamp	쓰기를 성공적으로 수행한 최종 타임스탬프

3) Validation: 트랜잭션이 어떠한 검증도 수행하지 않다가 트랜잭션 종료 시어 검증을 수행

'끝"

4 물리적 모델링

1) 데이터베이스 구축

지금까지 우리는 개념적 모델링과 논리적 모델링에 대해서 알아 보았다. 지금부터는 실제 데이터베이스를 구축하는 물리적 모델링에 대해서 알아보자. 우선 물리적 모델링은 특정 벤더의 데이터베이스 관리 시스템(Database Management System)에 종속된다. 즉, ORACLE, Sybase, DB2, SQL Server 등의 데이터베이스 관리 시스템에 종속된다.

이 말은 특정 데이터베이스 관리 시스템이 테이블에 대해서 파티션 기능을 지원하고 그 기능을 사용하는 것이 효율적이라면 그것을 고려해서 구축하는 것이다. 즉, 벤더 종속적인 데이터베이스를 구축하는 것이다.

그럼, 물리적으로 실제 데이터베이스를 구축하는 작업에서 어떤 한 것들을 고려해야 하는지 생각해 보자.

〈표 17〉 물리적 모델링

절 차	주요 작업	주요 내용
물리적 데이터베이스 구축을 위한 사전준비	물리적 데이터베이스 기본 전략 수립	데이터의 물리적 순서
		테이블을 논리적인 집합인 테이블 스페이스로 그룹화 실시
		성능향상을 위해 테이블을 분해
		데이터의 증감을 고려하여 공간 할당
		메모리 버퍼의 크기를 결정
		백업 및 복구 전략 수립
물리적 데이터베이스 구축	테이블 설계	테이블 구조 설계 및 생성
	인덱스 설계	접근방식에 따른 인덱스 설계 및 생성
	반정규화 고려	성능 향상을 위한 반정규화 수행

절 차	주요작업	주요 내용
물리적 데이터베이스 환경 파일	파라메타 파일 조정	데이터베이스 관리 시스템의 메모리 버퍼 크기를 결정
		데이터 블록의 크기를 결정
		제어파일의 위치를 결정
		데이터베이스 관리 시스템의 관리 프로세스의 기동 프로세스 수를 결정
		데이터베이스 관리 시스템의 접근에 대한 방식을 결정
데이터 정제 및 변환	변환 계획수립	데이터베이스 변환 계획과 전략을 수립
	데이터 변환 실시	데이터 변환을 수행 후 데이터베이스 관리 시스템에 적재

(1) 물리적 데이터베이스 구축 시에 고려사항

- 중앙 집중 데이터베이스 구축 및 분산 데이터베이스 구축
: 실제 구축될 데이터베이스를 규모와 비즈니스 요구사항을 고려하여 중앙 집중형 데이터베이스로 구축 할지 아니면 투명성을 보장하면서 분산 데이터베이스로 구측 할지를 결정

(2) 저장장치 구조 설계

- 저장장치 구조라는 것은 많은 의미를 가진다. 하드웨어의 특성에 따라 데이터베이스 관리 시스템의 데이터파일, 로그파일, 제어파일 등을 병렬 IO가 발생할 수드 구성할지를 결정
- 데이터베이스 관리 시스템의 구성파일의 구조를 결정 했다면 그 다음은 데이터베이스 내의 구성을 결정해야 한다. 즉, 데이터베이스를 구성하고 있는 블록(BLOCK: 데이터베이스는 블록단위 IO 발생)의 크기를 8196K등의 블록의 크기를 결정한다. 이

러한 블록크기의 결정이 완료되면 블록을 사용하는 데이터베이스 오브젝트(테이블, 인덱스 등)의 구성과 구조를 결정

- 데이터베이스 저장구조의 설계는 간단한 작업이 아니며 하드웨어의 특성 및 고객의 접근과 안정성이라는 여러 가지 측면을 모두 고려하여 가장 효율성 있게 구축해야 한다.

(3) 데이터베이스 인스턴스의 설계

- 데이터베이스 인스턴스라는 것은 데이터베이스 관리 시스템이 사용하는 메모리와 데이터베이스 관리 시스템이 기동 시키는 프로세스를 의미한다.
- 즉, 데이터베이스 인스턴스의 설계라는 것은 디스크 IO를 최소화 하기 위해서 데이터 버퍼캐시, 로그버퍼 그리고 딕셔너리 등의 정보를 저장하는 버퍼의 크기를 결정하고 병렬적으로 버퍼의 내용을 로그 파일이나 데이터 파일에 저장하기 위한 프로세스의 수를 결정하며 최종 고객이 데이터베이스 관리 시스템과 접속하는 방식을 프로세스 방식으로 할지 혹은 스레드 방식으로 할지를 결정한다.

(4) 데이터베이스 오브젝트의 설계

- 데이터베이스의 테이블 및 인덱스의 구조 설계하며 이러한 설계에서 가장 중요한 것은 고객이 데이터베이스 관리 시스템을 어떻게 사용하고 고객의 비즈니스 관점으로 보았을 때 자주 참조되고 수정되는 오브젝트를 식별하여 성능을 고려한 설계가 요구된다.

(5) 보안

- 데이터베이스의 구축 목적은 공유이다. 하지만 무조건적인 공유는 기업의 핵심 데이터 및 개인정보 데이터를 유출 시킬 수가 있다. 그러므로 이러한 것을 예방하기 의해서 고객별로 데이터베이스 관리 시스템에 대한 접근을 통제하고 데이터베이스 자원에 대한 권한을 할당하는 과정이 필요하다.
- 또한 만약의 데이터 유출에 대비하여 중요한 데이터는 암호화하는 절차 또한 중요하다.

(6) 백업 및 복사

- 아무리 훌륭한 데이터베이스 관리 시스템이라도 미디어(하드웨어) 장애 및 고객의 실수 등의 장애를 막을 수는 없다.
- 그러므로 이러한 장애발생으로 인한 데이터의 손실 시에도 이전의 데이터를 완벽하게 데이터를 복구 할 수 있는 백업전략을 수립해야 한다.

지금까지 물리적 데이터베이스 구축 시에 수행되어야 할 작업과 고려해야 될 사항을 알아 보았다. 위의 내용을 좀 더 구체적으로 학습을 원하면 특정 데이터베이스 관리 시스템과 관련된 서적을 참조 하기 바란다.

2) 반정규화

데이터베이스에 대해서 정규화를 수행하면 데이터베이스 내에 테이블의 수가 증가된다. 테이블의 수가 증가된다는 이야기는 데이터를 조회 할 때 조인이 많이 발생하므로 SQL

의 복잡도는 증가되고 조인으로 인한 조회의 성능을 저하된다.

이러한 문제를 해결하기 위해서 테이블 내에 중복을 허용하여 성능을 향상시키는 과정을 반정규화라고 하며 실제 모델링 시에서 많이 사용된다.

우선 대표적인 반정규화 방법에 대해서 알아보자.

수평분할   수직분할

제품 번호	제품명	재고 수량	주문 번호	수출 여부	고객 번호	사업자 번호	우선 순위	주문 수량
1001	모니터	1,990	AB345	X	4520	398201	1	150
1001	모니터	1,990	AD347	Y	2341	–	3	600
1007	마우스	9,702	CA210	X	3280	200212	8	1200
1007	마우스	9,702	AB345	X	4520	398201	1	300
1007	마우스	9,702	CB230	X	2341	563892	3	390
1201	스피커	2,108	CB231	Y	8320	–	2	80

- 수평분할
  : 수평분할은 엔티티 내의 애트리뷰트의 값을 기준으로 엔티티를 분해하는 것이다.
    즉 위의 예에서 제품번호 1001을 갖는 엔티티와 1007 이상을 갖는 엔티티로 분해하는 것을 의미한다.
- 수직분할
  : 수직분할은 애트리뷰트를 분해하는 것으로 이것은 기본 키 값이 분해된 엔티티에 중복되는 현상이 발생하므로 저장공간의 낭비를 초래한다.

3) 데이터베이스 튜닝

이제 데이터베이스 설계의 마지막 단계인 데이터베이스 튜닝에 대해서 알아보겠다.

데이터베이스 튜닝은 데이터베이스에 대한 전반적인 지식을 요구하고 많은 경험이 필요한 부분이다. 하지만 원리원칙의 접근으로 문제를 바라본다면 많은 경험이 없어서 전문가적인 역량을 가질 수 있을 것이다.

먼저 데이터베이스 튜닝에 대해서 알아보기 전에 데이터베이스 전체에서 성능이 저하될 수 있는 요인을 먼저 알아보는 것이 우선일 것이다. 그럼 데이터베이스의 성능저하 시킬 수 있는 요인을 알아보자.

첫 번째 전체적인 시스템 관점에서 성능저하 발생요인을 알아보자.

[그림 17] 데이터베이스 관리 시스템 구성 및 문제점

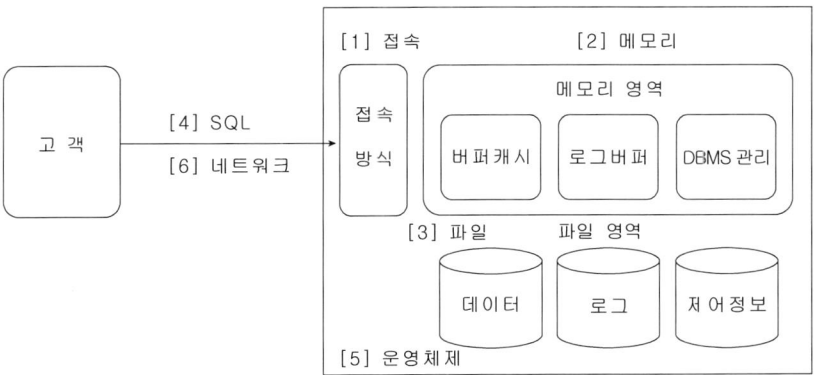

[1] 접속문제
- 고객이 원격에 떨어져 있는 데이터베이스에 접근하며 데이터베이스 관리 시스템은 프로세스 기반으로 N 명의 고객에 대한 처리를 할 수도 있으면 이것을 멀티스레드

기반으로 할 수도 있다.

- 중요한 것은 시스템 내에 프로세스의 수가 너무 많으면 이러한 부분도 문제 발생의 요소가 될 수 있다. 하지만 이런 것들 때문에 문제를 발생 시키는 경우는 대부분 없다.

[2] 메모리

- 데이터베이스 관리 시스템의 메모리는 영역은 크게 3부분으로 나누어지며 각각의 기능과 문제발생 요소에 대해서 알아보자.

〈표 18〉 데이터베이스 관리 시스템의 메모리 영역

메모리 영역	주요 기능	주요 내용
버퍼캐시 (Buffer Cache)	데이터 파일 중에서 고객이 참조한 블록을 보관하는 메모리 영역	만약 고객이 조회 시에 메모리에서 데이터 블록을 찾을 수 없다면 디스크 IO가 발생하면서 블록을 메모리에 적재하는 과정으로 인한 성능저하
로그버퍼 (Log Buffer)	데이터에 대한 변경내용을 보관하는 메모리 영역	로그버퍼의 메모리가 너무 작다면 로그파일과 디스크 IO가 자주 발생
DBMS 관리	데이터베이스를 구성하는 모든 오브젝트에 대한 정보 및 관련 파일에 대한 정보 등을 보관하는 메모리 영역	DBMS 관리 메모리 영역 또한 메모리 영역부족 시에 디스크 IO가 급격히 발생하여 성능저하 문제 발생

[3] 파일

- 데이터베이스의 데이터파일과 로그파일은 대부분은 여러 개의 파일로 구성된다. 그런데 고객이 참조하는 정보가 특정 파일에 집중된다면 비효율이 발생될 것이다. 그러므로 데이터 파일의 배치 및 데이터 파일에 존재하는 데이터베이스 오브젝트에 대한 적절한 배치 필요하다.

- 그래서 고객의 요구사항을 병렬로 처리하거나 특정 파일에 집중되는 현상을 방지해야 한다.

[4] SQL

- SQL은 고객이 데이터베이스와 대화 할 수 있는 유일한 언어이다. 이러한 SQL 실행 방식을 개선하여 성능을 향상시킬 수가 있다.
- SQL 튜닝에 대해서는 다음에 자세히 다루기로 한다.

[5] 운영체제

- 운영체제 또한 데이터베이스 관리 시스템과 성능개선의 방법은 비슷하다.
- 운영체제의 튜닝은 전체 시스템의 프로세스의 수를 감소 시키고 FREE 메모리 영역을 증대하고 디스크 IO의 성능을 개선하여 튜닝을 할 수가 있다.
- 운영체제 튜닝은 크게 CPU, 메모리, 디스크, 환경파일로 나누어 튜닝을 실시할 수가 있다.

[6] 네트워크

- 사실 네트워크는 데이터베이스 튜닝과 무관하다고 볼 수 있다. 하지만 여기서 바라보는 네트워크의 문제에 대한 성능개선 방향은 다음과 같다.
- 즉, 고객과 데이터베이스 관리 시스템간의 데이터의 양을 줄이는 관점이다. 고객과 데이터베이스 관리 시스템간에 이동되는 데이터의 양을 가장 손쉽게 줄기는 방법은 저장형 프로시저를 사용하는 것이다. 즉, 데이터베이스 관리시스템에 저장되어 있는 저장형 프로시저를 호출함으로써 고객과 데이터베이스 관리 시스템 간의 불필요한 SQL 전송을 최소화 할 수 있다.
- 물론 효과는 극히 미약하다.

지금까지 우리는 데이터베이스 관리 시스템 관점에서 전반적인 튜닝요소를 찾아 보았다.

지금부터는 튜닝에 대한 효과가 큰 SQL 튜닝 관점으로 접근 해 보자.

SQL 튜닝 요소를 이해하려면 먼저 데이터베이스 관리 시스템이 어떠한 절차로 SQL를 실행하는지에 대한 이해가 필요할 것이다.

데이터베이스 관리 시스템의 SQL 수행 절차는 다음과 같다.

[그림 18] SQL 실행절차

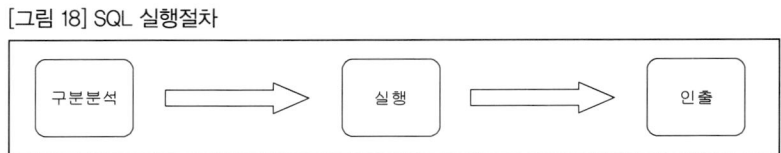

(1) 구문분석

- 고객이 전송한 SQL문을 해독하는 역할을 담당한다. 즉, 특정 테이블을 참조 했다면 SQL문을 해독하고 해당 테이블이 정말 존재하는지를 딕셔너리에서 확인한다.

(2) 실행

- SQL은 실행되기 전에 먼저 어떻게 실행 될지에 대한 계획을 수립하며 이러한 실행 계획을 결정하고 만드는 작업을 수행하는 것이 옵티마이저이다.
- 즉, 데이터베이스 옵티마이저가 가장 효율적으로 실행 될 수 있는 실행계획을 수립 후에 SQL를 실행한다
- 그럼, 여기서 데이터베이스 관리 시스템의 핵심두뇌인 옵티마이저에 대해서 알아보자. 옵티마이저는 사용자의 SQL문을 분석하여 가장 효과적으로 수행 할 있는 계획을 수립하는 프로세스이며 옵티마이저의 종류에는 특정한 규칙을 기반으로 실행계획을 수립하는 규칙기반 옵티마이저와 테이블 등의 오브젝트에 대한 통계적 정보를

활용하여 실행계획을 수립하는 비용기반 옵티마이저가 있다.

[그림 19] 옵티마이저

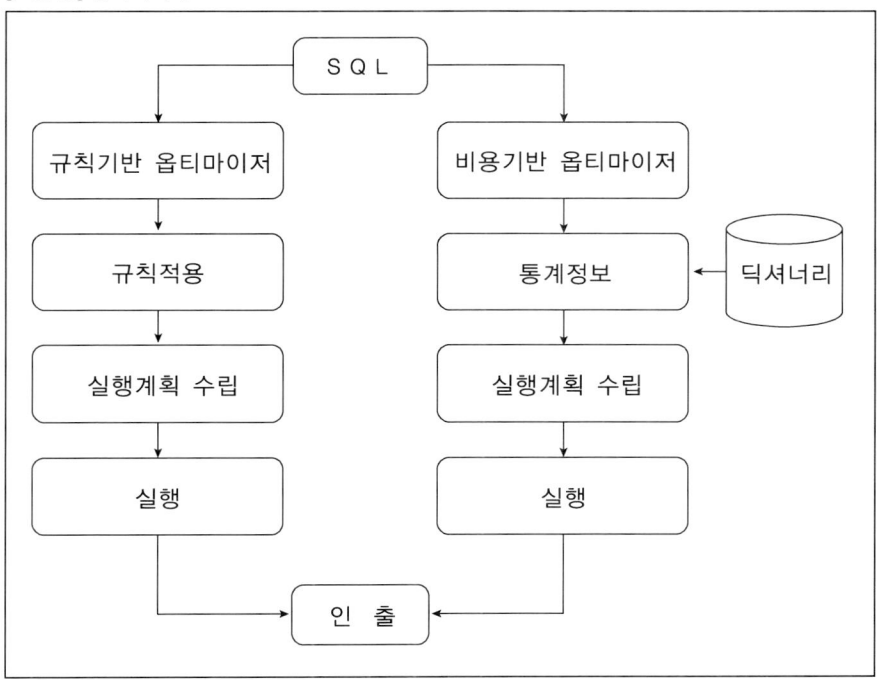

앞의 예처럼 SQL를 규칙기반 옵티마이저가 수행될지 아니면 비용기반 옵티마이저가 수행될지 여부는 데이터베이스 관리 시스템 기동 시에 참조되는 환경파일 즉, 파라메타 파일을 참조해서 결정된다.

그리고 비용기반 옵티마이저에서의 통계정보 DBA가 주기적인 분석명령 실행으로 항상 최신의 통계정보를 유지해야 한다.

(3) 인출

– SQL이 실행계획에 의해서 실행되면 데이터 파일 혹은 버퍼캐시에서 데이터를 인출
하여 최종 고객에게 전송하는 과정을 수행한다.

이제 실제 SQL를 기준으로 인덱스가 어떻게 수행되고 어떠한 기준으로 인덱스를 선
정해야 하는지 알아보자.

[그림 20] 인덱스의 수행(1)

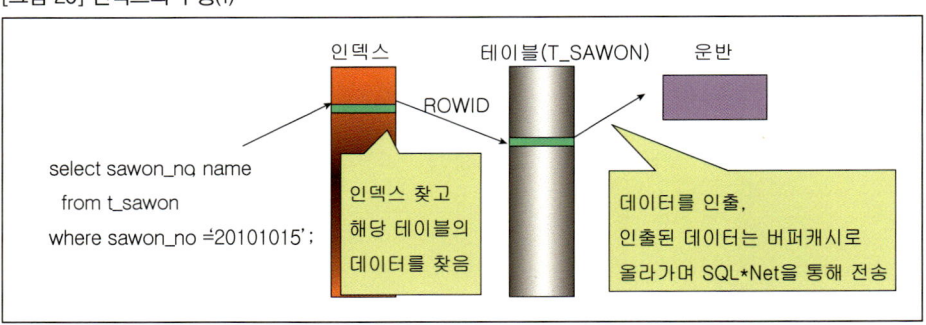

위의 예제를 보면 고객이 SQL를 실행하면 먼저 B– Tree 검색기법에 의해서 인덱스
를 찾고 인덱스에서 ROWID라는 정보를 읽어 해당 테이블의 블록을 검색하는 방식으로
수행된다.

인덱스는 인덱스 키와 데이터를 가지고 있는 주소정보를 보관하는 ROWID로 이루어
진다.

그러므로 인덱스 키를 B– Tree 검색기법을 통해서 찾으면 ROWID를 획득 할 수 있으
므로 직접 물리적 블록으로 접근이 가능하다. 이러한 것을 Random Access라고 한다.

여기서 주의해야 할 것은 1개의 ROW를 조회한다고 해도 데이터베이스 관리 시스템의 IO단위는 블록단위라는 것이다. 블록에는 1개의 ROW가 있을 수도 있고 N개의 ROW가 있을 수도 있으며 1개의 ROW가 여러 개의 블록에 나누어져 있을 수도 있다. 이 부분 또한 블록구조를 튜닝 해야 하는 중요한 요소가 되는 것이다. 그럼 다음의 예제를 보자.

[그림 21] 인덱스의 수행(2)

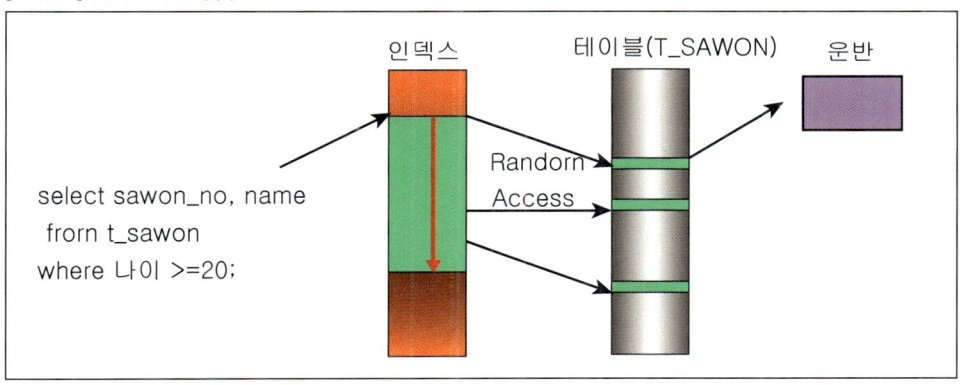

이번 예제는 1개의 인덱스를 찾는 것이 아니라 나이가 20세 이상인 모든 데이터가 해당 조건이 된다. 앞에서 이야기 한 것처럼 맨 처음에는 B- Tree 검색기법에 의해서 인덱스를 찾고 한번 찾으면 인덱스 내에서 순차적으로 스캔을 시작하며 해당 블록을 읽어 들이는 방식이다.

여기에 중요한 튜닝 포인트가 있다. 즉, 인덱스 스캔의 범위를 줄일 수만 있다면 Random Access의 양도 줄어들고 읽어야 할 블록의 양도 줄일 수도 있을 것이다.

이러한 튜닝 기법을 부분범위 처리라고 하며 위의 예에서는 부분범위 처리가 의미가 없지만 조인이 발생되는 SQL에서는 먼저 좁은 범위의 인덱스를 읽는다면 SQL의 성능은 급격히 향상될 것이다. 그래서 옵티마이저가 SQL의 실행계획을 수립 할 때 효율적으르 하는 것은 매우 중요하며 때로는 옵티마이저가 비효율적인 실행계획을 수립하는 경우 임의로 DBA가 실행계획을 조정 할 수가 있다. 이러한 대표적인 방법이 힌트라는 것이며 이것은 SQL이 수행되는 경로를 가르쳐 주는 기법이라고 생각하면 된다.

[그림 22] 인덱스의 수행(3)

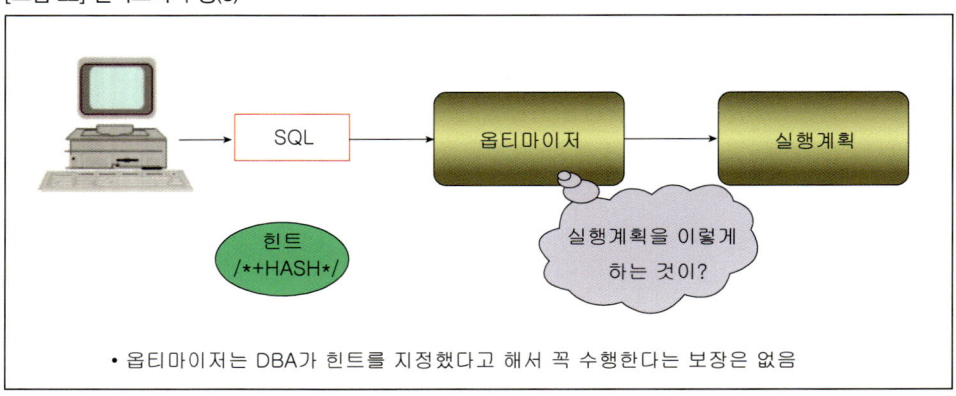

그럼 테이블에는 많은 칼럼이 있는데 어떠한 방식으로 인덱스를 선정하는 것이 좋은 방법인지 고민해 볼 필요가 있고 이 부분은 SQL 튜닝 성능향상에 중요한 요소일 것이다.

〈표 19〉 인덱스 선정기준

인덱스 선정기준	주요 내용
기본키와 외래키	– 기본키는 따로 인덱스를 생성하지 않아도 인덱스가 자동으로 생성 – 하지만 외래키는 자동으로 인덱스가 생성되지 않으며 외래키는 무조건 인덱스를 생성해야 함 – 그래야 SQL 조인 시에 인덱스를 수행 할 수가 있음
접근경로 분석	– 우선 각 애플리케이션 어떤 SQL을 많이 사용하는지 수집 – 그래서 자주 사용되는 칼럼을 기준으로 인덱스를 선정

인덱스 선정기준	주요 내용
분포도 조사	– 분포도 = 평균 ROW수 / 총 ROW수 * 100 – 분포도가 10~15% 정도의 칼럼을 인덱스 후보로 도출
인덱스 순서결정	– 조합 인덱스의 경우는 인덱스의 순서가 굉장히 중요 – 접근경로를 분석하여 부둔범위 처리를 할 수 있는 방법으로 인덱스의 순서를 결정

이제 마지막으로 데이터베이스 튜닝의 절차를 알아보자.

〈표 20〉 데이터베이스 튜닝 절차

데이터베이스 튜닝 절차	주요 내용
설계 튜닝	– 정규화 혹은 반정규화 및 엔티티 통합 혹은 분할을 통하여 설계튜닝을 수행 – 데이터의 경합 회피 수행
애플리케이션 튜닝	– 애플리케이션 내의 SQL의 실행계획에 대한 튜닝
데이터베이스의 논리적 구조 튜닝	– 집중적인 트랜잭션에 대한 데이터베이스 구조변경
데이터베이스 관리 시스템의 메모리 튜닝	– 메모리의 히트 율을 항상 시켜 디스크 IO를 최소화 – 버퍼캐시, 로그버퍼, DBMS 관리 메모리
물리적 구조 및 입출력 튜닝	– 여러 개의 디스크에 데이터 파일 및 로그 파일을 분산하여 데이터베이스의 성능향상
자원 경합에 대한 튜닝	– 데이터베이스 관리 시스템의 자원에 대한 경합을 최소화(예: LOCK 대기시 간 최소화)
운영체제 튜닝	– CPU, 메모리 , 디스크 부분에 대한 운영체제 레벨에서의 튜닝 수행
하드웨어 튜닝	– 마지막으로 CPL 추가, 메모리 추가 등을 수행하여 하드웨어의 성능개선

문제〉	데이터베이스 성능개선 목표, 성능개선방법, 성능개선 도구에 대해서 설명하시오.		
카테고리	데이터베이스 〉 튜닝	난이도	중

[문제풀이]

1. 사용자 만족도 증대를 위한 데이터베이스 성능개선 목표

가. 처리능력(Throughput)

- 해당 작업을 수행하기 위해서 소용되는 시간으로 수행되는 작업량을 나눔
- 트랜잭션 처리능력 = 트랜잭션 수 / 시간

나. 처리시간(Throughput Time)

- 처리작업이 완료되기 까지 시간으로 처리 시간을 단축하기 위해서
- 병렬처리 실시, 인덱스 사용, 대형 테이블 파티션, 병목현상 제거를 수행

다. 응답시간(Response Time)

- 사용자가 키를 누를 때부터 시스템이 응답할 때까지 시간
- 최종 사용자가 느끼는 시스템 성능 척도
- 인덱스를 통한 액세스 경로단축, Nested Loop 조인 수행, Locking 발생 억제 수행

라. 로드시간(Load Time)

- 정기적 및 비정기적으로 발생하는 데이터를 데이터베이스에 적재하는 시간
- Direct Load 수행, 병렬로드, I/O 경합을 분산, 인덱스 제거 후 적재 수행, 파티션 작업 단순화

2. 데이터베이스 성능개선 접근방법

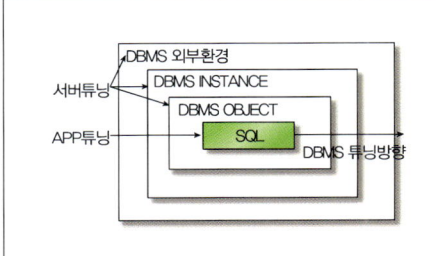

- · DBMS 외부환경: 서버, 디스크, 네트워크
- · DBMS INSTANCE: DBMS MEMORY 및 DBMS PROCESS
- · DBMS OBJECT: Table, View, Function, Procedure 등
- · 튜닝접근은 비용 및 효과가 큰 SQL튜닝부터 접근

3. 데이터베이스 성능개선 도구

가. Trace Log: DBMS Instance Level에서 DBMS가 수행한 모든 SQL문 로그 기록, SQL문 실행계획, CPU, DISK, MEMORY 사용량 기록

나. Hint: DBMS 옵티마이저에게 SQL 실행경로를 제어하기 위한 SQL 구문 도구

다. SQL 문을 통한 성능도구: PLAN Table 생성, SESSION Level의 SQL 경로분석

라. SQL 모니터링: DBMS 벤더에서 제공, 실행 중인 SQL 현황 및 Lock/경합 모니터링

"끝"

문제〉	INDEX		
카테고리	데이터베이스 〉 튜닝	난이도	중

[문제풀이]

1. 데이터베이스 성능향상을 위한 인덱스 개요

가. 인덱스(INDEX)의 정의

　－ 연산 성능향상을 위해 테이블의 ROW의 키 값과 물리적 주소를 저장하고 있는

공간

나. 인덱스 특징

  1) 독립성: 테이블과 독립된 공간에 저장

  2) Trade- Off: 조회 성능향상, 등록/수정/삭제의 성능저하 발생

2. 인덱스 선정기준 및 인덱스 종류

가. 인덱스 선정기준

  1) 기본키 및 외래키: 기본키는 자동 설정됨, 외래키의 경우 Full Scan 방지를 위
    해 추가

  2) 접근경로 분석: SQL 모니터링, 후보 인덱스 선정

  3) 분포도 조사: (평균 ROW/ 전체 ROW) * 100, 10~15% 내외

  4) 인덱스 순서 선정: 접근경로 따라 부분범위 처리를 하도록 조합

나. 인덱스 유형

유 형	상세내용	종류 및 활용
순서 인덱스	정렬 순서에 따라 생성되는 인덱스	단일 및 결합 인덱스
해싱 인덱스	해시함수와 해시 테이블을 활용하여 검색	해시 충돌 문제 발생
클러스터링	클러스터 인덱스 키가 물리적으로 정렬됨	읽기전용 테이블에 사용
비트맵	인덱스를 0, 1로 표현하여 대용량 데이터 검색	데이터 웨어하우스에서 사용

3. 데이터베이스 인덱스 선정 시에 고려사항

가. Execute Plan(옵티마이저) 점검을 통해서 효율적인 사용이 필요

나. 과도한 인덱스 생성 시 데이터 등록, 수정, 삭제 시에 성능저하 유발

다. 인덱스는 HINT를 활용하여 튜닝이 가능하지만, 기본적으로 SQL문의 효율즈 작
   성을 통해서 튜닝을 권고

"끝"

문제〉	데이터베이스 리버스 모델링의 대규모 혹은 복잡도가 높은 데이터베이스를 Backward Engineering으로 접근하여 데이터 중복제거, 표준화 수행, 재구조화를 수행하는 작업이다. 이러한 데이터베이스 리버스 모딩링 방법에 대해서 설명하시오.		
카테고리	데이터베이스 〉 튜닝	난이도	상

[문제풀이]

1. 데이터베이스 리버스 모델링의 필요성과 개요

가. 데이터베이스 리버스 모델링 필요성

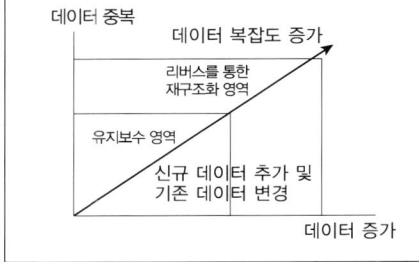

- 시스템 구축 이후 무분별한 데이터 추가 및 변경이 데이터 중복을 유발
- 또한 데이터 구조의 복잡도를 증가하여 관리하고 통저되기 어려움
- 중복으로 인한 전체적인 배치 성능 저하발생
- 리버스를 통한 재구조화 작업이 필요함

나. 데이터베이스 리버스 모델링(Reverse Modeling)의 개요

- 데이터베이스 리버스 모델링은 3R의 재공학의 한 작업으로 리버스 모델링 수행 한
  후 순공학과 재구조화를 통해서 데이터베이스를 구조화 시키는 활동

2. 데이터베이스 리버스 모델링의 역할 및 특징

가. 데이터베이스 리버스 모델링 역할

3R	데이터베이스 리버스 모델링 역할
역공학	− 복잡한 프로세스를 배제한 기업 내 가치흐름 인식
재구조화	− 현행 시스템에 존재하는 정보구조를 구체적인 모형으로 형상화 − 데이터 모델에 대한 올바른 인식
순공학	− 기업 내 가치 있는 자산(데이터)를 전사적 비즈니스 전략과 IT 전략으로 유도

나. 데이터베이스 리버스 모델링 특징

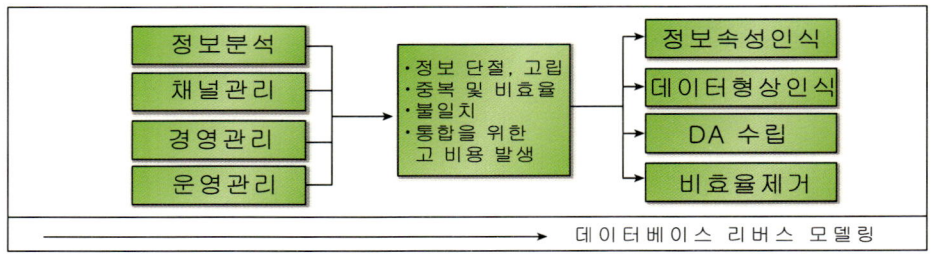

3. 데이터베이스 리버스 모델링 방법

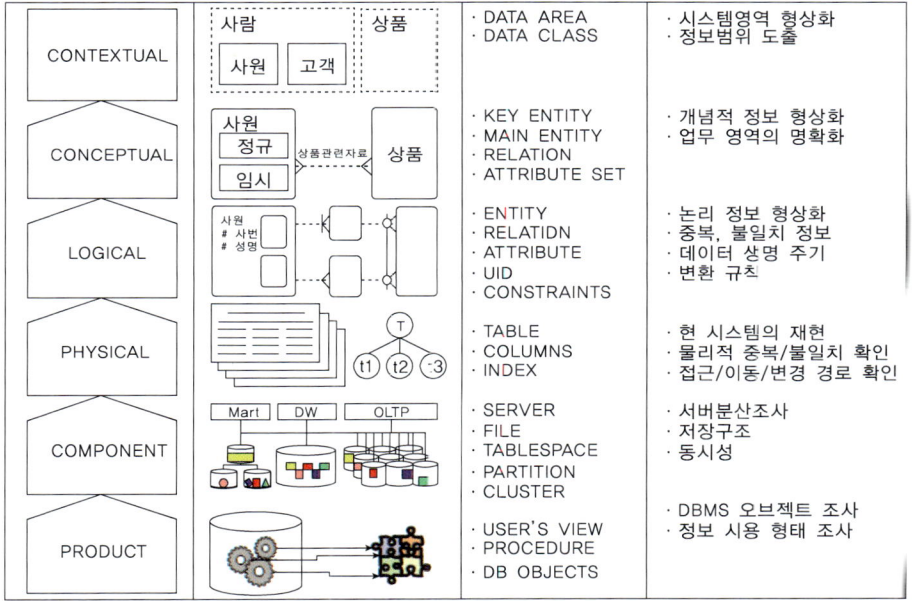

4. 데이터베이스 리버스 모델링 주요기법 및 고려사항

가. 데이터베이스 리버스 모델링 주요기법(솔루션)

1) 물리적 구조를 분석하여 테이블을 인식하고 기본키와 외래키를 중심으로 자동으로 물리적 ER모델을 작성해 주는 리버스 모델링 툴 활용

2) SQL Trace 등을 활용하여 애플리케이션이 주로 참조하는 테이블을 식별하그 업무(화면)과 매핑하여 ER 모델을 작성

3) 화면과 보고서를 통한 접근을 통하여 집합을 정의하고 집합 간의 관계를 정의 후 물리적 모델과 비교하여 데이터 중복을 도출

나. 데이터베이스 리버스 모델링 시에 고려사항

　1) 고객의 합의와 결정, 리버스 모델링으로 도출된 산출물은 각 단계별 실무 담당자
　　와 합의 및 공유를 통해서 오류를 방지

　2) 재구조화 시에 구조화 원칙, 표준, 절차를 정의하여 아키텍처 관점으로 접근

"끝"

| 문제〉 | 아래는 일반적인 RDBMS에서 일반적으로 발생하는 성능관련 문제에 대한 사례이다. 데이터베이스 성능을 최적화 하기 위한 일반적인 고려사항 및 튜닝절차와 다음 실 사례에 대한 튜닝 방안을 제시하시오.

가) RDBMS의 성능 관련 질의 결과에 대한 성능 문제점 도출과 성능 개선 방안

I/O Statistics

```\nSQL> select d. tablespace_name   TABLESPACE, d. file_name, f. phyrds, f.phyblkrd,\n 2   f.readtim, f.phywrts, f ,phyblkwrt, f.writetim\n 3   from v$filestat f, dba_data_files d\n 4   where f. file# = d.file_id\n 5   order by tablespace_name, file_name;\nTABLE SP ACE   FILE_NAME   PHYRDS PHYBLKRD RKATDM PHYWRTS PHYBLKWRT WRTTETIM\n............. ....\nUNDO1   /u02/undots01.dbf   26   26   50   257   257   411\nSAMPLE   /u02/sample01.dbf   65012   416752   38420   564   564   8860\nUSERS   /u03/users01.dbf   8   8   0   8   8   0\nSYSTEM   /u01/system01.dbf   806   1538   1985   116   116   1721\nTEMP   /u04/temp01.dbf   168   666   483   675   675   0\nQUEKY_DATA   /u01/query_dat.a01.dbf   8   8   0   8   8   0\n```

나) 일반적으로 사용하는 일련번호 채번을 위한 아래 SQL의 성능 문제점 도출과 개선 SQL

```\nINSERT INTO 주문 (주문일련번호, COL1, COL2, ……)\nSELECT DECODE (MAX(주문일련번호),NULL,0,MAX(주문일련번호) + 1\n   주문일련번호,: COL2값……\nFROM   주문\n``` |
| 카테고리 | 데이터베이스 〉 튜닝 | 난이도 | 상 |

[문제풀이]

1. Data Base 자원 및 성능 극대화를 위한 튜닝의 이해

가. 튜닝의 정의

- 급격한 응답시간의 저하 등 DB의 성능상의 문제점이 발생 전후 DB 및 시스템의 전반적인 문제점을 모니터링 및 분석하여 DB를 최적의 상태로 운영하는 일련의 절차 또는 기법

나. RDBMS 튜닝 시 고려사항

- 업무적인 환경과 시스템적 환경에 적합한 데이터베이스 파라메터의 설정
- 데이터베이스에 접근하는 SQL 문장의 물리적 Disk 블록 접근 최소화
- 한번 I/O가 발생한 Disk 블록은 가능한 메모리에 캐시화
- 모든 사용자의 SQL문은 공유 가능한 Shared Pool에 저장하도록 표준화
- Dead Lock 등의 데이터베이스 잠김 현상 최소화
- 데이터베이스 설계 단계에서부터 성능에 대한 고려
- 자동화된 성능 관련 Tool의 적용 및 데이터의 지속적 축적/분석 환경 구축 (APM)
- 개발자: SQL 및 인덱스 등에 대한 심도 있는 교육 기회 제공
- DBA: Data Base 환경 튜닝 및 물리적 환경 성능 최적화를 위한 기술 교육 실시

2. 데이터베이스의 주요 튜닝 영역과 튜닝 절차

가. 데이터베이스 주요 튜닝 영역

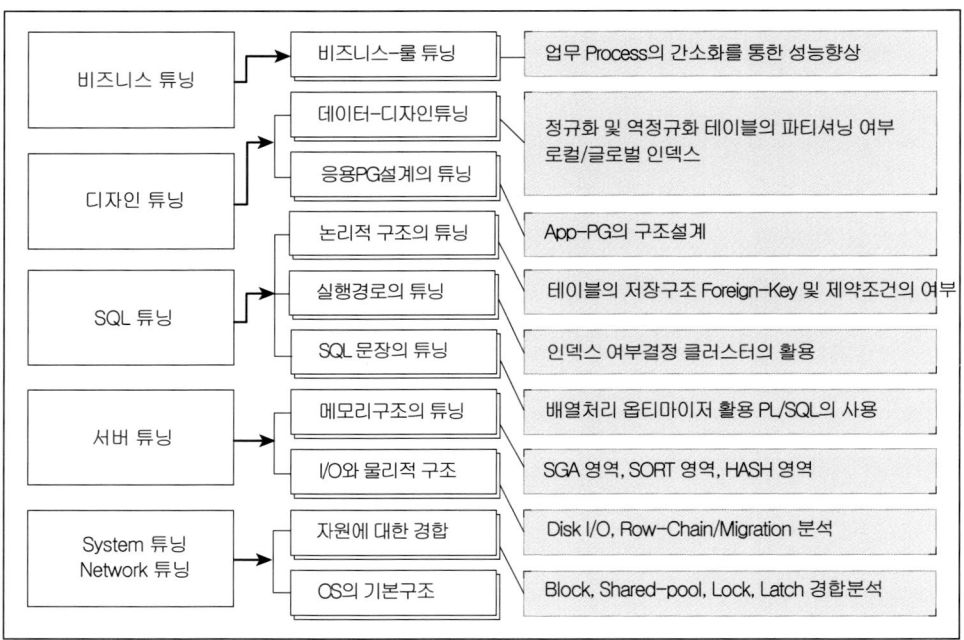

나. 데이터베이스 튜닝 절차

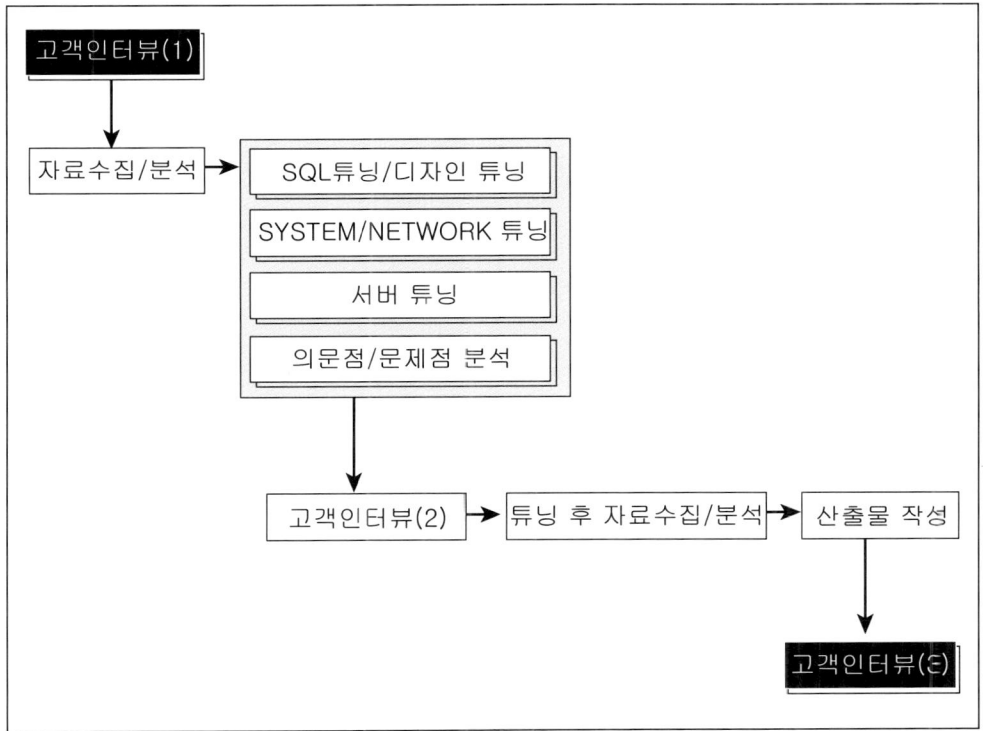

3. 사례분석을 통한 튜닝 방안 제시

가. 데이터베이스 I/O 튜닝

1) DB 환경 분석 결과의 문제점

I/O Statistics

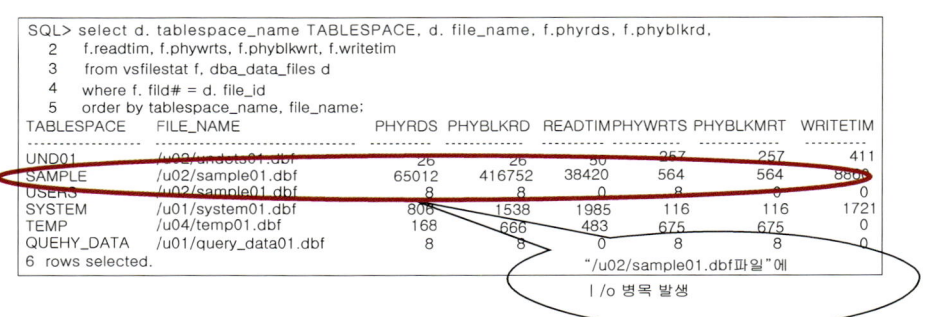

```
SQL> select d. tablespace_name TABLESPACE, d. file_name, f.phyrds, f.phyblkrd,
  2    f.readtim, f.phywrts, f.phyblkwrt, f.writetim
  3    from vsfilestat f, dba_data_files d
  4    where f. fild# = d. file_id
  5    order by tablespace_name, file_name;
TABLESPACE    FILE_NAME            PHYRDS  PHYBLKRD  READTIMPHYWRTS PHYBLKMRT  WRITETIM
-----------   ------------------   ------  --------  --------------  --------   --------
UND01         /u02/undots01.dbf       26        26      50     257      257        411
SAMPLE        /u02/sample01.dbf    65012    416752   38420     564      564       8800
USERS         /u02/sample01.dbf        8         8       0       8        0          0
SYSTEM        /u01/system01.dbf      808      1538    1985     116      116       1721
TEMP          /u04/temp01.dbf        168       666     483     675      675          0
QUEHY_DATA    /u01/query_data01.dbf    8         8       8       8        8          0
6 rows selected.
```

"/u02/sample01.dbf파일"에

I /o 병목 발생

Context	Reference
file#	File number(join to file# in VSDATAFILE for the name)
phyrds	Nnmber of physical reads done
phywrts	Nnmber of physical writes done
phyblkrd	Nnmber of physical blocks read
phyblkwrt	Nnmber of physical blocks written
readtim	Time spent doing reads
writetim	Time spent doing writes

2) Data Base 환경

 - 병목 대상 데이터 파일에 해당하는 테이블 스페이스를 여러 파일 시스템에 분산하여 구성

- Partition 기능을 이용해 연도/업무/코드별로 데이터의 분산 저장 고려
- Redo-Log 파일 등 I/O가 집중적으로 발생하는 파일의 별도 분산 디스크에 저장
- "SAMPLE" 테이블 스페이스를 구성하는 데이터 파일을 여러 디스크에 분산 저장

3) 시스템 운영체제

- System 관리자와 협의 ⇨ 물리적 디스크 병목 여부 판단 ⇨ 시스템 차원 대책
- Disk 구성을 0+1 등 고성능 환경 RAID로 변경 검토
- Disk 내 Cache Hit Ratio 극대화 방안 모색 ⇨ 증설 또는 Cache 알고리즘 최적화
- Disk 가상화 기법 적용

4) 개발자(SQL 사용자)

- Full Scan에 의한 I/O 집중 발생 빈도의 최소화 노력
- Index의 적절한 활용으로 물리적 Disk I/O 최소화
- 접근경로에 대한 우선순위에 대한 지식

나. SQL 문장의 튜닝

1) 사례 SQL 문장의 성능상 문제점

```
INSERT   INTO 주문 (주문일련번호, COL1, COL2, i )
SELECT   DECODE (MAX(주문일련번호),NULL,0,MAX(주문일련번호) + 1
         주문일련번호, : COL2값.
FROM     주문
```

2) 시퀀스 테이블을 이용한 채번 고려

```
- Sequence Table 생성  CREATE SEQUENCE 주문_SEQ INVREMENT BY 1;
- 데이터 입력 시 시퀀스 이용
  INSERT         INTO 주문 (주문일련번호, COL1, COL2, ……)
  VALUES (주문_SEQ.NETXVAL , "xxxx", "xxxx", …..)
```

3) 채번 테이블 생성을 통한 채번 고려

```
- 신규 일련번호 채번
  〉SELECT 최종일련번호 + 1
  〉INTO : V_주문일련번호
  〉FROM 주문;
  〉WHREE 지점코드 = '01'
  〉AND 주문번호 = '인터넷'
- 본테이블에 데이터 입력
  〉INSERT INTO 주문 (주문일련번호, COL1, COL2, ….)
  〉VALUES (V_주문일련번호, 'XXXX', 'XXXX', ……)
- 채번 테이블 수정
  〉UPDATE 주문채번테이블
  〉SET 최종일련번호 = :V_주문일련번호
  〉WHERE 지점코드='01'
  〉AND    주문구분 = '인터넷';
```

"끝"

본 장에서는 지금까지 배운 데이터베이스 모델링을 실질적으로 해보는 것을 목표로 한다.

본 장의 예제는 BSC(Balanced Scored Card)의 데이터베이스 모델링에 대해서 설명하겠다.

BSC는 조직을 균형 있게 평가하기 위해 고객, 재무, 내부 프로세스, 학습과 성장의 4가지 관점으로 기업을 균형 있게 평가하는 방법을 의미한다(BSC 관련해서는 다른 책을 참조).

우선 BSC에 관련된 고객의 요구사항을 살펴보자.

우리 기업은 2010년까지 금융권 최고의 순이익을 실현하는 금융선도 기업을 비전으로 하고 있으며 이러한 비전을 달성하기 위해서 약 10가지 정도의 전략을 세웠습니다. 이러한 전략을 시장의 변화에 따라 변경 될 수 있으며 이러한 변경이 BSC에서 반영 될 수 있어야 합니다. 그리고 총 20가의 부서와 각 부서별 20~30명 정도의 직원이 근무를 하고 있습니다. 특이 한 것은 저희는 직무제도를 도입 했으며 직무에 따른 직무 군을 평가하고 싶습니다.

결론적으로 위의 내용을 BSC로 구성하기 위하여 관점 별로(고객, 재무, 내부 프로세스, 학습과 성장) 약 30거 정도의 KPI를 도출하였고 30개의 KPI는 그 특성에 따라 전략, 부서, 직무, 사원을 평가하는데 사용 될 수 있습니다. (KPI는 SUB KPI를 가질 수 있음) 단, 사원 KPI의 평가 요소는 당연히 직무, 부서, 전략의 KPI 요소가 됩니다.

예를 들어 사원을 평가하기 위해서 교육달성 율 이라는 것이 있는데, 교육 달성율이 사원 평가에만 사용되는 것은 아니고 이것은 부서, 직무, 전략을 평가하기 요소로 사용됩니다.

전략과 부서, 직무 그리고 사원은 상하관계를 가지며 하위 KPI요소는 반드시 상위 KPI에 도함됩니다. 하지만 상위 KPI 요소가 하위에 포함되지 않을 수도 있습니다.

우리는 위의 요구사항을 보고 BSC의 데이터베이스 모델링을 수행해야 한다. 우선 KPI는 약 30개 정도가 있고 30개의 KPI는 전략, 부서, 직무, 사원을 평가하기 위해서 사용된다.

KPI별로 사원단위, 부서단위, 직무단위 그리고 전략단위로 나누어진다.

또한 비전은 2010년까지 금융권 최고의 순이익을 실현하는 금융선도 기업이다. 이러한 비전을 실현하기 위해서 N개의 전략이 있고 전략을 수행하기 위한 부서 및 직무, 사원이 있는 것이다.

그럼, 이것을 데이터 관점에서 생각해 보면 약 30개의 KPI가 전략, 부서, 직무 및 사원과의 관계를 가지게 된다. N개의 전략에 N개의 KPI가 대응된다. 또한 부서와 KPI, 직무와 KPI 그리고 사원과 KPI가 동일한 구조를 갖게 된다. 이러한 관계가 M:N 관계가 되는 것이다.

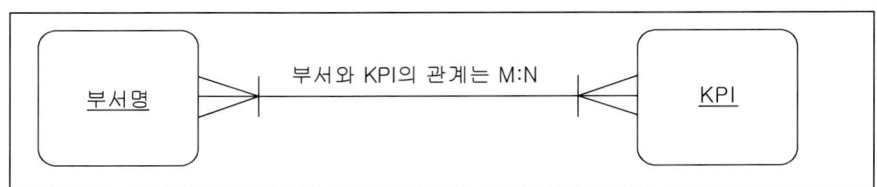

또한 전략과 KPI의 관계도 살펴보자. 여러 개의 전략에 N개의 KPI가 있으며 1개의 KPI는 N개의 전략에 해당 될 수가 있다. 또한 KPI에는 SUB KPI가 있으며 KPI와 SUB KPI의 관계는 부모/자식관계임을 알 수가 있다.

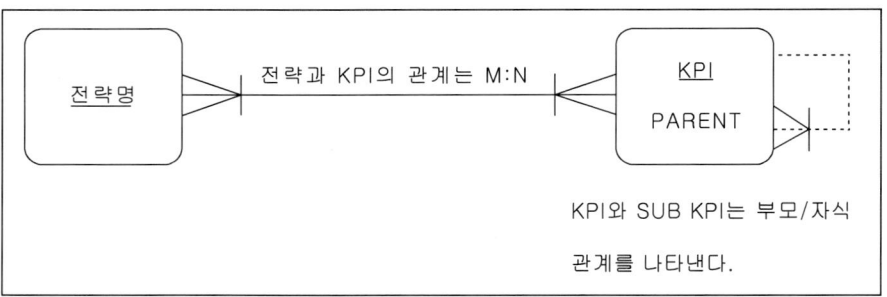

KPI는 위와 같이 KPI와 부서, KPI와 직무, KPI와 사원의 관계는 전략과 KPI와의 관계와 동일한 데이터 모델링이 나오게 된다.

그럼 위의 두 가지 예의 M:N 관계를 해소하기 위해서는 엔티티를 추가하여 해소 할 수가 있다.

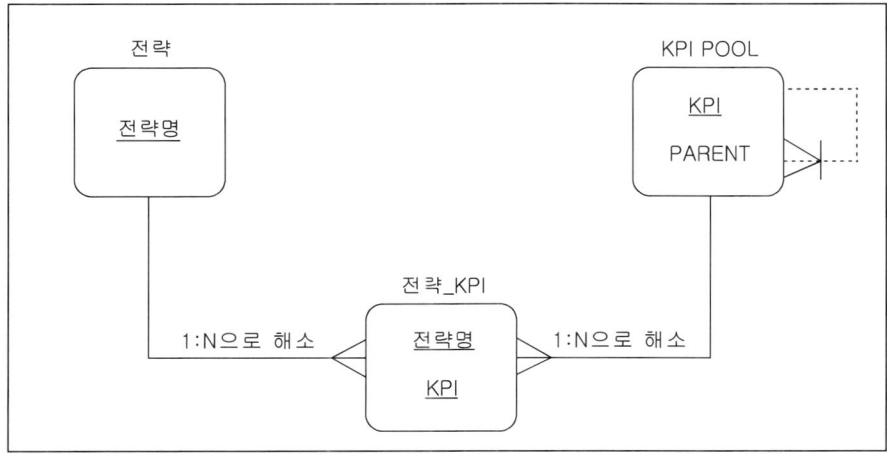

부서와 전략의 관계도 위와 같이 해소 가능할 것이다. 이제 KPI 엔티티를 살펴보자. KPI 엔티티는 한 개의 KPI에 여러 개의 SUB KPI가 존재하는 부모/자식 관계를 가진다. 데이터의 구조를 살펴보면 다음과 같다(트리구조를 이룬다).

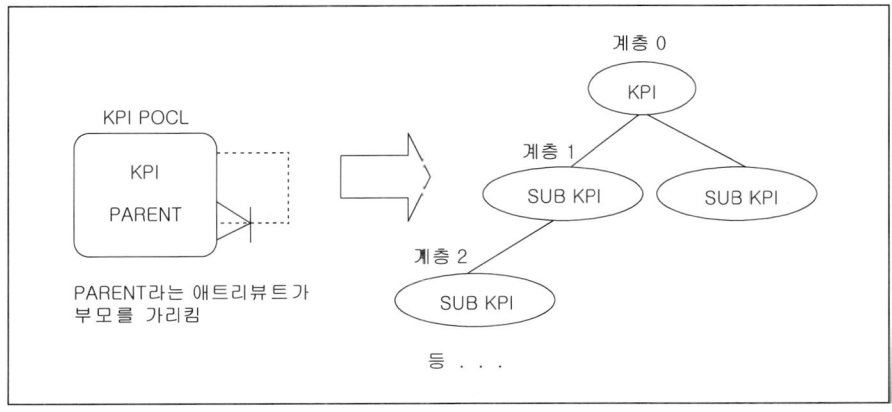

위와 같이 한 개의 엔티티 안에 부모/자식관계가 발생하면 실제 SQL를 통해서 데이터가 조회가 다소 어려운 문제가 발생하고 데이터베이스 관리 시스템의 종류(ORACLE, SQL SERVER 등)에 따라 위와 같은 모델에 대한 SQL를 지원하기도 하고 안 하기도 한다.

만약 KPI 엔티티 내에서 SUB KPI와 KPI의 부모/자식관계의 계층레벨이 1 레벨밖에 없다면 SUB KPI 엔티티를 추가로 분리 할 수가 있다. 혹시 반정규화 시에 성능과 관리의 편리성을 위해서 할 수도 있다.

또한 히스토리 데이터를 고려해야 할 것이다. 즉, KPI의 변경에 대한 히스토리 관리를 해야 한다.

지금까지 간단하게 나마 BSC를 기준으로 데이터 모델링이 어떻게 이루지는 알아보았다. 굳이 BSC를 예를 들어 알아본 것은 두 가지 이유 때문이다. 첫 번째로 전략과 KPI와의 관계를 보면 M:N 관계를 해소하였고 M:N을 해소한 결과가 다차원 모델링의 스타 스키마로 나오는 것을 알 수 있었다(DW부분 참조).

두 번째 이유는 최근 BSC 솔루션을 살펴보면 어떤 제품의 최종 KPI수 = KPI * 인원수로 증가는 것이 있다. 이는 데이터베이스 모델링에서 정규화가 되지 않았음을 의미한다. 원리를 이해하면 학습한 지식을 즉시 사용 할 수가 있을 것이다.

마지막으로 최종 모델링 결과는 여러분들의 과제로 남긴다.

기출문제

■ 단답형

- 69회 정보관리) 관계형 DBMS의 시스템 카탈로그에 저장되는 정보에 대하여 설명하시오.
- 72회 정보관리) 아래의 스키마에서 동명이인이 없다는 가정하에 키(Key)의 종류를 예를 들어서 설명하시오.

〈사 원〉

사 번	주민등록 번 호	이 름	전 공	성 별	부서코드

〈부 서〉

부서코드	부서명

- 72회 정보관리) 함수적 종속성(Functional Dependency)에 대하여 설명하시오.
- 75회 정보관리) 데이터베이스에 있어서 관계(Relationship)의 정의와 종류를 설명하시오.
- 78회 정보관리) 관계형 데이터베이스의 참조 무결성(Referential Integrity)에 대하여 설명하시오.

■ 서술형

- 69회 정보관리) 다음과 같은 사용자 뷰(학생 별 수강일정표)와 학사운영규칙을 사용하여 데이터모델을 작성하기 위한 초기 엔티티(Entity)를 도출하시오(엔티티별 각 이름과 도출된 사유를 반드시 명기하여야 함).

학생별 수강 일정표

— —

발행일자 : 03. 3. 2.

학기 : 03년 1학기 : 03. 3. 1~03. 8. 31
대학 : 자연과학대학
학번 : 02042617
이름 : 최진실
학년 : 학부 2학년
전공 : 전산기공
부전공 : 수학
지도교수 : 김인숙

과목 번호	과목명	교수	학점	캠퍼스	강의시간	강의실번호
CS601	데이터베이스론	김철원	3	용인	W912A.M	과학관201
MT203	수 학	김명희	3	서울	TH1-4PM	본관 605

상기 도표는 최종 사용자의 데이터의 요구사항을 나타낸 사용자 뷰이며 학생별 수강 일정표와 관련된 학사운영 규칙은 다음과 같다.
(1) 학생은 학번을 갖는다.
(2) 한 학생은 하나의 전공, 부전공 과목과 1명의 지도교수를 갖는다.
(3) 학기에 따라 동일한 과목명도 과목번호가 변경될 수 있으며, 동일과목도 교수, 캠퍼스, 교육기간, 강의실 및 학점도 달라질 수 있다.
(4) 특정 학기에 개설된 과목은 캠퍼스, 교수, 강의시간, 강의실이 고정된다.
(5) 학생은 어느 과목에 대한 학점을 선택할 수 있다. (3학점을 2학점으로)

- 72회 정보관리) 데이터베이스 도입 운영 시 관리 항목 중 가장 중요한 것 중의 하나는 성능(즉, 응답성) 관리이다. 관계형 데이터베이스의 성능을 향상시키기 위해 실무진들이 고려할 수 있는 요소들을 귀하의 경험에 근거하여 나열하고, 이것이 어떻게 성능 향상에 이바지 할 수 있는지 설명하시오.
- 72회 정보관리) 관계형 데이터베이스 설계 시, 반드시 식별되어야 하는 키(Key)의 결정과정을 아래에 주어진 스키마와 함수적 종속성(Functional Dependency)을 근거로 예를 들어서 설명하시오

예제 스키마)

A	B	C	G	H	I

FD1 : A → B
FD2 : A → C
FD3 : CG → H
FD4 : CG → I

- 72회 정보관리) 관계형 데이터베이스 설계 시, 부분 종속성과 이행 종속성으로 인하여 발생되는 이상 현상(Anomaly)을 제거하여 3차 정규형 테이블을 설계하는 과정을, 아래에 주어진 스키마와 데이터를 근거로 하여 예를 들어서 설명하시오.

프로젝트번호	사번(프로젝트팀원)	근무시간(프로젝트팀원)	PM 명	PM직급
L100	1100	300	김 삿 갓	수석
L100	1150	1500	김 삿 갓	수석
K200	1200	500	홍 길 동	선임
A300	1300	1000	임 꺽 정	책임
A300	1320	1100	임 꺽 정	책임
A300	1350	700	임 꺽 정	책임
P400	1100	800	김 삿 갓	수석
P400	1450	900	김 삿 갓	수석
P400	1150	1200	김 삿 갓	수석
P400	1470	1300	김 삿 갓	수석

- 72회 조직응용) 기존의 전통적인 데이터베이스 응용에서 데이터 처리인 OLTP와 데이터 웨어하우스 환경에의 데이터 처리인 OLAP의 차이점을 다음의 관점에서 비교 검토하시오.
"트랜잭션 실행결과", "처리되는 데이터 양",
"트랜잭션 처리시간", "사용패턴", "동시수행성", "데이터 변경 패턴"
- 75회 정보관리) 관계형 데이터베이스의 성능향상방안을 하드웨어, 소프트웨어, 운영관리별로 기술하시오.
- 77회 정보관리) 관계형 데이터베이스 설계 시에 부분 종속성으로 인하여 발생되는 이상현상(Anomaly)을 예를 들어 설명하시오.
- 78회 정보관리) 정규화를 수행하시오. (정규화 부분 설명 참조)
- 78회 정보관리) 관계형 데이터베이스의 성능을 최적으로 유지하기 위하여 데이터베이스의 튜닝이 필요하게 되는데 데이터베이스의 설계 튜닝, 환경 튜닝, SQL문장 튜닝에 대하여 상세히 설명하시오.

▣ 단답형

- BCNF
- EER
- 참조 무결성과 영역 무결성, 실체 무결성을 비교
- 반정규화
- 옵티마이저
- 일반화, 상세화

▣ 서술형

- 엔티티 도출과정과 사유에 대해서 설명하고 엔티티의 유형에 대해서 설명하시오.
- 개념적 ERD작성 절차에 대해서 사례를 중심으로 설명하시오.
- 정규화의 원리 및 절차를 사례를 중심으로 설명하시오.
- 데이터베이스 무결성의 의미와 무결성 확보방안에 대해서 설명하시오.
- 데이터베이스 성능저하 요인을 분석하고 해결하는 방안에 대해서 설명하시오.
- SQL 성능저하 시에 해결방안에 대해서 설명하시오.
- 인덱스 선정방법과 고려사항에 대해서 설명하시오.
- 데이터베이스 모델링 시에 M:N 관계 해소방안과 개념 모델링의 상세화 방안
- 데이터베이스 이상현상을 사례를 들어 설명하시오.

데이터베이스 구축을 위한 프로세스 요약

본 장에서는 데이터베이스 설계에 대한 모든 내용을 다루었으며 학습하였다. 본 장은 데이터베이스 학습에 있어서 가장 중요한 부분이며 어려운 부분이기도 하다.

본 장을 학습하는 가장 좋은 방법은 스스로 업무를 정의하고 해당 업무에 대한 개념적 모델링, 논리적 모델링을 수행하며 마지막으로 물리적으로 데이터베이스를 구축하는 물리적 모델링을 직접 해보는 것이다.

이러한 방법이 본 과장을 학습하는 데 가장 좋은 방법이다. 또한 기술사 공부 도중에 어려운 문제나 힘든 것이 있으면 www.serigisulsa.com라는 기술사 온라인 커뮤니티를 활용하기 바란다.

STEP 3

데이터베이스의 기본적인 기능

데이터베이스의 기본적인 기능 개관

　데이터베이스 관리에서는 여러 사용자가 공유하는 데이터베이스 관리 시스템에서 기본적으로 제공되어야 할 기능에 대해서 설명한다. 즉, 다수의 사용자에 대한 트랜잭션 직렬화 기법인 동시성제어의 필요성을 학습하고 동시성제어 기법인 Locking, Timestamp, Validation의 개념을 이해한다.

　또한 트랜잭션 장애 시에 복구 할 수 있는 방법인 로그기반 방법과 그림자 페이지에 대해서 알아보며 데이터베이스 검색을 위한 Tree에 대해서 알아보자.

　마지막으로 기업의 데이터베이스의 중요성이 부각되고 각종 침해사고에 대비하기 위한 데이터베이스 보안기법에 대해서 알아보자.

학습목표

- 트랜잭션의 특성을 학습한다.
- 동시성제어의 필요성과 기법에 대해서 학습한다.
- 데이터베이스 장애의 종류 및 복구방법에 대해서 학습한다.
- B- Tree의 특징에 대해서 학습한다.
- 데이터베이스 보안기술인 ACL에 대해서 학습한다.
- DAC와 MAC의 차이점과 RBAC에 대해서 학습한다.

마인드 맵

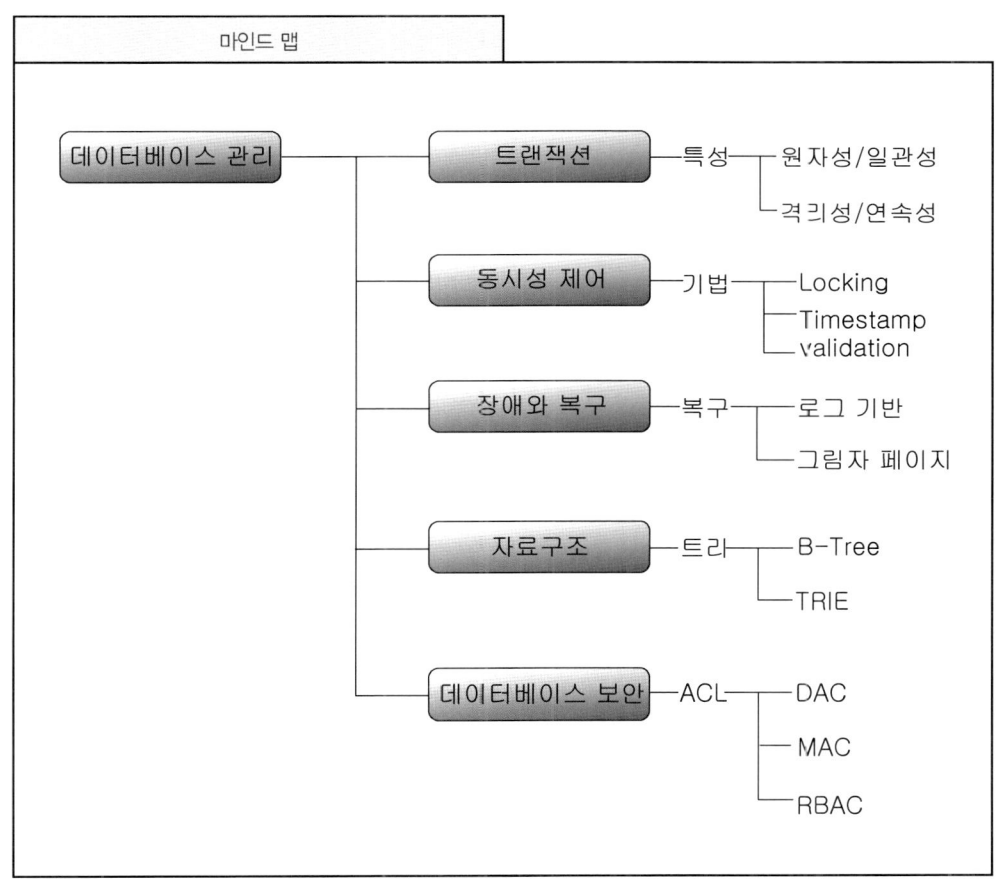

데이터베이스 관리 ── 트랜잭션 ─ 특성 ─ 원자성/일관성
└ 격리성/연속성

동시성 제어 ─ 기법 ─ Locking
├ Timestamp
└ validation

장애와 복구 ─ 복구 ─ 로그 기반
└ 그림자 페이지

자료구조 ─ 트라 ─ B-Tree
└ TRIE

데이터베이스 보안 ─ ACL ─ DAC
├ MAC
└ RBAC

1 트랜잭션(Transaction)

트랜잭션은 데이터베이스에서 작업을 처리하는 최소단위이다. 데이터베이스에서 트랜잭션이라면 반드시 만족해야 하는 특성을 가지고 있으며 이러한 특성을 만족하지 못하면 데이터베이스라고 이야기 할 수 없다.

〈표 21〉 트랜잭션의 특성(ACID)

특 성	주요 내용
원자성 (Atomicity)	– 트랜잭션은 데이터베이스 연산의 전부 또는 일부(ALL OR NOTHING) 실행만이 있으며, 일부 실행으로 트랜잭션의 기능을 갖지 않음 (즉, 트랜잭션의 처리가 완전히 끝나지 않았을 경우는 전혀 이루지지 않는 것과 같아야 함) – Commit , Rollback
일관성 (Consistency)	– 트랜잭션 실행 결과로 데이터베이스의 상태가 모순되지 않아야 함 – 트랜잭션 실행 후에도 일관성이 유지
격리성 (Isolation)	– 트랜잭션이 실행 중에 생성하는 연산의 중간결과는 다른 트랜잭션이 접근 할 수 없음 – 즉, 부분적인 실행결과를 다른 트랜잭션이 볼 수 없음
연속성 (Durability)	– 트랜잭션이 그 실행을 성공적으로 완료하면 그 결과는 영구적 보장이 되어야 함

트랜잭션의 특성의 원자성, 일관성, 격리성, 연속성을 가지고 있다.

원자성은 데이터베이스에 대해서 Commit 혹은 Rollback을 할 경우 완전히 저장되거나 완전히 취소 되어야 한다는 의미이고 일관성은 여러 트랜잭션이 데이터를 수정하는 경우에 동시성 제어를 통해서 일관성을 유지하고 격리성은 완료되지 않는 트랜잭션을 다른 트랜잭션에서 조회 할 수 없다는 것이다.

또한 연속성은 Commit이 성공적으로 이루어진 트랜잭션의 처리 데이터는 영구히 보관되어야 한다. 이러한 특성을 만족시키지 못하는 트랜잭션은 트랜잭션으로 볼 수 없으며 트랜잭션의 기능이 없다면 데이터베이스 관리 시스템이라고 볼 수가 없는 것이다.

그러므로 메인 메모리 데이터베이스의 경우도 안정성에 문제가 없다는 이야기가 된다.

실제 본인이 메인 메모리 데이터베이스를 사용해서 시스템을 구축 해 본 결과 데이터베이스의 안정성에는 아무런 문제가 없었다.

그럼 트랜잭션의 상태에 대해서 알아보자.

〈표 22〉 트랜잭션의 상태

트랜잭션 수행 상태	트랜잭션 성공 상태

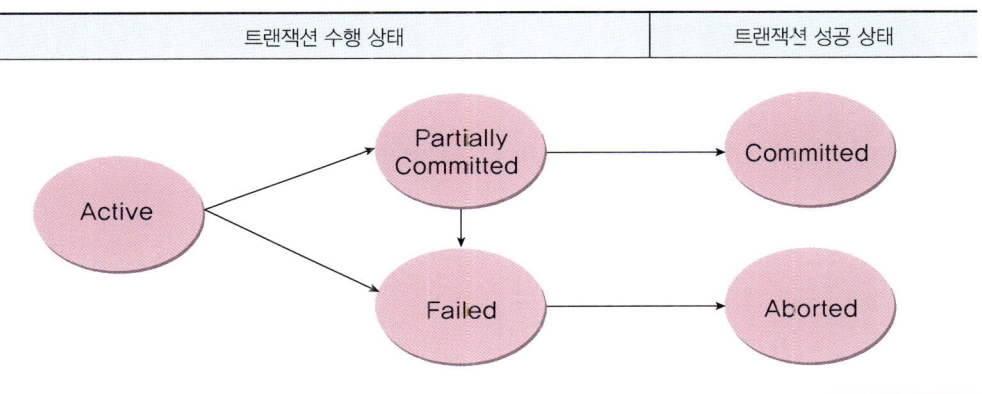

- 활동(Active): 트랜잭션이 시작 했거나 실행 중인 상태
- 부분완료(Partially Committed): 트랜잭션이 마지막 명령문을 실행한 직후의 상태
- 완료(Committed): 트랜잭션이 실행을 성공적으로 Commit 연산을 수행한 상태
- 실패(Failure): 정상적인 실행을 더 이상 할 수 없어서 중단된 상태
- 철회(Aborted): 트랜잭션이 복원되어 데이터베이스가 트랜잭션을 수행 이전의 상태로 환원된 후의 상태

■2 동시성 제어(Concurrency Control)

컴퓨터 시스템이든 데이터베이스이든 병렬적으로 수행되는 것은 없다. 이 말은 컴퓨터 시스템의 경우도 최종 컴퓨터 자원의 소유자는 하나이어야 한다는 것이다. 즉, 이러한 이야기를 컴퓨터 시스템에서는 상호배제라고 한다. 병렬처리에서 한 순간에 하나의 프로세스만 점유 할 수 있는 것을 의미하다.

이러한 것은 데이터베이스도 마찬가지이다. 여러 명의 고객이 데이터베이스 관리 시스템에 접속하여 자신만의 데이터 처리를 수행할 것이다. 마치 개인 혼자서 데이터베이스 관리 시스템을 사용하는 것과 같은 투명성을 제공하지만 최종 데이터베이스의 데이터를 변경하는 시점에서는 한 순간에 한 명의 사용자만이 데이터베이스의 데이터를 수정 할 수가 있다. 즉, 여러 트랜잭션이 하나의 데이터를 수정하려고 할 때는 줄을 서야 한다는 것이다.

[그림 23] 직렬화

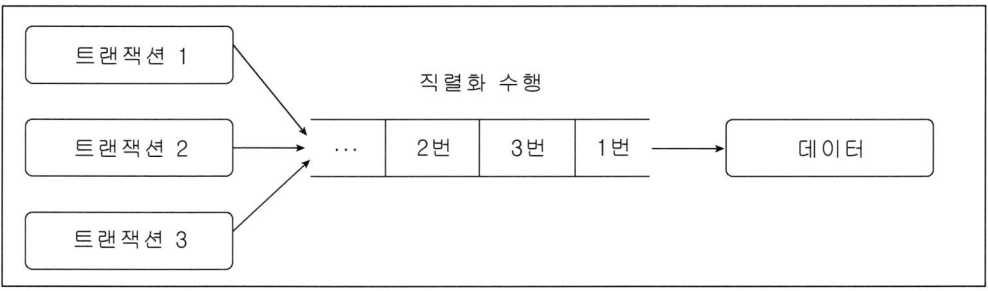

이렇게 병렬 트랜잭션에 직렬성(Serialization)을 보장하는 것을 동시성 제어(Concurrency Control) 기법이라고 한다.

만약에 데이터베이스 관리 시스템에서 동시성 제어 기법이 없다면 어떤 일이 발생할 지 생각해 보자.

첫 번째는 갱신손실(Lost Update) 문제가 발생 할 수가 있다.

트랜잭션 1(T1)	트랜잭션 2(T2)	트랜잭션 1번과 2번이 수행됨(T1, T2)
T1 Read A(100)		T1이 A에 100을 읽어들임
	T2 Read A(100)	T2도 A에 100을 읽어들임
T1 Update(+100)		T1은 A에 100을 더해서 200을 기대함
	T2 Update(+200)	T2는 A에 200을 더해서 300을 기대함
T1 예상: 200	T2 예상: 300	**최종 A는 400이 됨**

위의 예는 동시성 제어를 하지 않아서 T1이 100을 증가하고 T2가 바로 200을 증가시켜서 최종 값은 A는 400이 되는 현상이 발생한다. 이러한 것을 갱신손실이라고 한다.

두 번째는 모순성(Inconsistency) 문제가 발생 할 수 있다.

트랜잭션 1(T1)	트랜잭션 2(T2)	트랜잭션 1번과 2번이 수행됨(T1, T2)
	Read A(100) A=A- 50 Write A	T2이 A에 100을 읽어들임, A에서 50을 빼고 저장함
Read A		T1도 A을 읽어들임, 그러나 A의 값은 초기값 100이 아닌 50이 됨
	Read B(100)	T2도 B을 읽어들임
Read B(100)		T1도 B을 읽어들임
	B=B+50	T2는 B에 50을 더함
S=A+B		T1는 B=A+B 수행, T1은 100+100이 S의 값이 되기를 기대하나 S = 50+150임

트랜잭션 1(T1)	트랜잭션 2(T2)	트랜잭션 1번과 2번이 수행됨(T1, T2)
	Write(B) Commit	T2는 B를 저장 후 트랜잭션 완료, B는 150이 저장됨
Write(S) Commit		T1는 S를 저장 후 트랜잭션 완료, S는 200이 저장됨
T1 예상: A = 100 B = 100 S = 200	T2 예상: A = 50 B = 150	**최종 A = 50, B = 150, S = 200**

위와 같이 데이터의 모순성이 발생하게 된다.

세 번째는 취소(Rollback)문제가 발생 할 수 있다.

트랜잭션 1(T1)	트랜잭션 2(T2)	트랜잭션 1번과 2번이 수행됨(T1, T2)
T1 Read A(100)		T1이 A에 100을 읽어들임
T1 Update(+100)		T1은 A에 100을 더해서 200이 됨
	T2 Read A	T2는 A에 100을 기대하지만 200이 읽어짐
	T2 Update(+100)	T2는 A에 100을 더해서 200을 기대, A는 300이 됨
Rollback		T1 Update(+100)연산 취소, 그러면 제일 처음의 값 100 으로 돌아감
T1 예상: 100	**T2 예상: 200**	**최종 A는 100이 됨**

동시성 제어 기법은 이러한 갱신손실, 모순성, 취소문제가 발생하여 데이터베이스의 불일치 문제를 발생시킨다. 그러므로 이러한 문제를 해결하기 위해서는 한 순간에는 한 개의 트랜잭션만이 데이터에 접근이 가능해야 한다.

이러한 기법에는 일반 데이터베이스 관리 시스템에서 흔히 볼 수 있는 로킹(Locking)

기법과 타임스탬프(Timestamp)기법 그리고 낙관적 검증(Validation) 기법이 있다.

지금부터는 데이터베이스 동시성 기법에 대해서 자세히 알아보자.

1) 로킹(Locking)

데이터베이스 관리 시스템을 조금이라도 사용한 분은 로킹기법에 대해서는 이미 알고 있을 것 이다. 즉, 로킹기법이란 트랜잭션이 데이터에 대해서 잠금(Lock)을 설정하면 다른 트랜잭션은 해당 데이터에 대해서 해제(Unlock)가 발생할 때까지는 접근 혹은 수정, 삭제가 불가능이다.

이렇게 잠금과 해제를 통해서 데이터베이스의 동시성 제어를 수행하는 기법을 로킹기법이라고 한다. 로킹기법은 성장단계와 축소단계로 나누어지며 성장단계는 데이터를 잠금하는 단계로써 잠금만 가능하고 해제는 불가능하다. 축소단계는 해제하는 단계로서 해제만 가능하고 잠금은 불가능하다.

이러한 성장과 축소단계로 로킹기법이 사용되며 이러한 것은 2PL(2 Phase Locking)이라고 한다.

[그림 24] 2 Phase Locking

(2PL 아님)	T1	T2
	Lock-X(B)	Lock-s(A)
	Read(B)	Read(A)
	B:=B-50	Unlock(A)
	Write(B)	Lock-s(B)
	Unlock(B)	Read(B)
	Lock-X(A)	Unlock(B)
	Read(A)	Display(A+B)
	A:=A+50	
	Write(A)	
	Unlock(A)	

(2PL)	T3	T4
	Lock-X(B)	Lock-s(A)
성장단계	Read(B)	Read(A)
	B:=B-50	Lock-s(B)
	Write(B)	Read(B)
	Lock-X(A)	Unlock(A)
	Read(A)	Unlock(B)
축소단계	A:=A+50	Display(A+B)
	Write(A)	
	Unlock(B)	
	Unlock(A)	

위의 그림의 예처럼 성장단계에서는 오직 잠금만 수행하고 축소단계에서는 오직 해제만 수행한다.

트랜잭션이 데이터베이스의 데이터에 대해서 데이터에 대한 변경을 수행할 때 다른 트랜잭션이 변경은 수행하지 않고 조회만을 하는 것은 가능 할 것이다. 이렇게 로킹기법은 이러한 기능을 지원한다.

로킹기법의 잠금의 종류는 공유락(Shared- Lock)과 전용락(Exclusive- Lock)이 있으며 트랜잭션을 데이터베이스에 대해서 변경을 수행하는 동안 다른 트랜잭션이 해당 데이터에 대해서 조회만(Read) 가능하도록 하는 것을 공유락이라고 하고 전용락은 트랜잭션이 변경을 수행하면 다른 트랜잭션은 조회 및 변경 모두를 수행 할 수 없는 것을 의미한다.

T1 T2	Shared Lock	Exclusive Lock
Shared Lock	가능	불가능
Exclusive Lock	불가능	불가능

공유락은 조회 트랜잭션에 대한 지연이 없으므로 데이터가 잠금이 되어도 조회는 할 수 있다. 그러므로 공유락은 데이터에 대한 잠금의 이유로 조회 트랜잭션의 대기시간을 예방할

수 있으며 전체 데이터베이스 관리 시스템의 입장에서 볼 때 그만큼 트랜잭션 처리드 향상 될 수가 있다.

로킹을 통한 동시성 제어 시에 잠금 연산의 대상이 되는 것을 잠금 단위(Lock 단위)라고 하며 이러한 잠금 단위는 잠금 단위가 작을수록 동시성 제어 능력은 우수하지만 구현이 복잡한 단점을 가지고 있다.

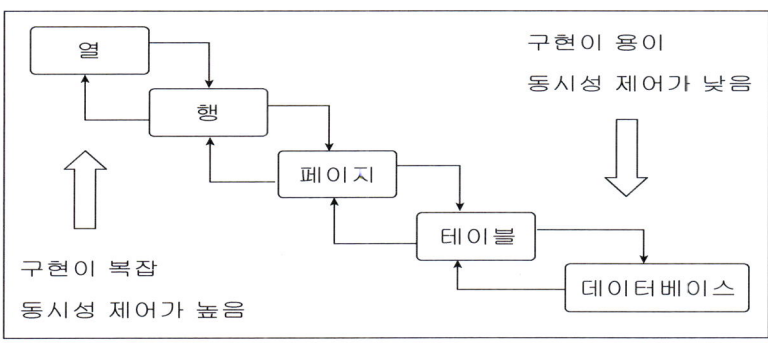

이처럼 잠금의 단위는 동전의 양면같이 동시성 제어를 높이려면 복잡성을 감수해야 한다.

그리고 흔히 사용 하는 데이터베이스 잠금은 행단위이고 데드락(Deadlock)이 발생하는 경우는 테이블 단위의 잠금이 된다.

2) 타임스탬프(Timestamp)

타임스탬프 기법을 통한 동시성 제어 기법은 열차표를 사기 위해 줄을 서고 기다리는 것과 동일하다. 즉, 트랜잭션에게 시스템에 들어오는 순서대로 번호표를 부여하는 것이다. 이러한 번호표에 해당하는 것은 시스템 클럭(System Clock) 혹인 로지컬 카운트

(Logical Count)이다.

즉, 타임스탬프 기법은 시스템 클럭(System Clock) 혹인 로지컬 카운트(Logical Count)를 활용하여 시스템에 들어오는 트랜잭션의 순서대로 트랜잭션을 처리하는 간단한 방법이다.

그럼, 타임스탬프의 운영방식을 대해서 살펴보자.

데이터베이스는 읽기와 쓰기 항목에 대한 타임스탬프를 유지한다. 읽기 타임스탬프는 특정 데이터 항목에 대해서 읽기를 수행한 최종 타임스탬프이며 쓰기 타임스탬프는 쓰기를 성공적으로 수행한 최종 타임스탬프이다.

만약 트랜잭션이 Ti가 X에 대해서 읽기를 수행 할 때(Read_TS(Ti)) 쓰기 타임스탬프와 비교하여 Read_TS(Ti) 〈 Write_TS(X)인 경우는 다른 트랜잭션이 쓰기를 수행하므로 Read_TS(Ti)는 취소되며 Read_TS(Ti) 〉= Write_TS(X)인 경우에만 읽기를 허용한다.

만약, 쓰기를 수행하는 경우라면 Write_TS(Ti) 〈 Read_TS(X)인 경우에는 다른 트랜잭션이 읽고 있으므로 트랜잭션 Ti는 Write_TS(Ti)는 취소되며 Write_TS(Ti) 〉= Read_TS(X)인 경우에만 쓰기를 수행한다.

읽기 수행

```
Read_TS(Ti) 〈 Write_TS(X) :  Read_TS(Ti)는 취소
Read_TS(Ti) 〉= Write_TS(X): 읽기 허용
```

쓰기 수행

```
Write_TS(Ti) 〈 Read_TS(X): Write_TS(Ti)는 취소
Write_TS(Ti) 〉= Read_TS(X): 쓰기수행
```

3) 낙관적 검증(Validation)

낙관적 검증은 트랜잭션이 수행되는 동안에는 어떠한 검증도 수행하지 않다가 트랜잭션 종료 시에 검증을 하는 방법이다.

[그림 25] 낙관적 검증

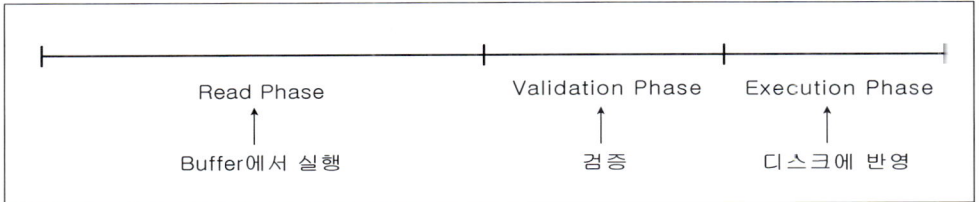

낙관적 검증 기법의 단점은 트랜잭션 종료 시에 검증 단계에서 일관성 위배가 발견되면 트랜잭션을 철회한다. 이때 트랜잭션이 시작이 후의 내용에 대해서는 모두 철회가 이루어지므로 철회에 대한 비용이 크다.

문제〉	데이터베이스 트랜잭션을 정의하고, 트랜잭션의 특징을 설명하시오.		
카테고리	데이터베이스 〉 데이터베이스 특징	난이도	하

[문제풀이]

1. 데이터베이스 동시성 제어 및 회복의 기본 단위 트랜잭션의 개요

가. 트랜잭션(Transaction)의 정의
- 데이터베이스에서 논리적인 처리의 기본단위
- 데이터베이스 오브젝트에 접근하여 처리하는 처리단위

나. 트랜잭션의 처리예제

　1) 동시성 제어: 데이터베이스 일관성을 유지, 갱신손실, 무효갱신, 취소연산으로부
　　터 보호

　2) 백업과 복구: 트랜잭션 단위로 Log기반, 그림자 페이지 기법 사용

2. 트랜잭션의 특징 및 트랜잭션의 상태 전이

　가. 트랜잭션의 특징

특징	내용	예제
Automicity	최소단위로서 전부반영 되는지 아니면 전부취소 되는 특성	Commit Rollback
Consistency	트랜잭션의 처리 결과는 일관성을 유지	동시성 제어 기법
Isolation	한 트랜잭션이 완료되지 않은 중간 상태를 다른 트랜잭션이 접근 할 수 없음	배타적 Lock, 공유 Lock
Durability	완료된 트랜잭션 영구히 반영되어야 함	Log 기반 Backup

　나. 트랜잭션의 상태전이

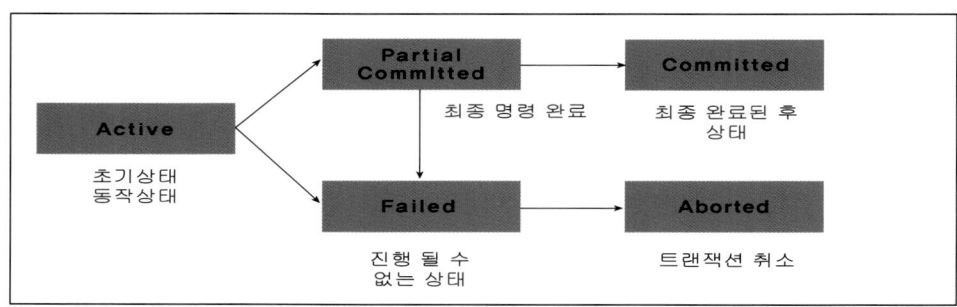

3. 트랜잭션의 중요성 및 고려사항

    가. 데이터베이스는 트랜잭션을 최소 처리단위로 사용하므로, Long 트랜잭션은 데이터베이스 공유를 하는 데이터베이스 목적에 위배됨

    나. 즉, Long 트랜잭션은 전체 데이터베이스의 성능저하 요인 발생

    다. SQL 튜닝 및 DBMS Instance 튜닝을 통하여 Long 트랜잭션 하소 필요

"끝"

3 장애(Failure)와 복구(Recovery)

1) 장애와 복구기법

데이터베이스에 대한 장애는 여러 가지가 존재할 수 있다. 가장 쉽게 알 수 있는 디스크, 메모리, CPU 등의 미디어 장애와 네트워크 등의 문제로 발생하는 트랜잭션 장애 그리고 DBA 혹은 응용 프로그램 개발자가 발생시키는 장애 등이 있다.

이러한 장애 중에서 두 가지를 생각 해 보아야 한다. 첫 번째는 사용자들이 장애의 원천이다. 즉, 데이터베이스 장애는 대부분이 응용 프로그램 개발자가 데이터베이스에 대한 지식이 미약한 상태로 데이터베이스를 사용하는 경우와 DBA가 데이터베이스를 관리하다가 실수를 발생시키는 경우가 대부분의 데이터베이스 장애이다. 사용자의 오류가 데이터베이스 장애의 90%을 넘는다고 생각해도 틀리지 않을 것이다.

두 번째 생각해 볼 문제는 어디까지를 장애라고 봐야 하는가에 대한 문제이다

네트워크, 디스크, CPU 등의 하드웨어의 결함은 분명한 장애일 것이다. 하지만 사용자가 SQL를 수행하였는데 비효율적인 SQL를 수행하였다면 이것을 장애라고 봐야 하는가?

필자의 생각은 이러한 것도 심각한 장애이다. 왜냐하면 데이터베이스의 첫 번째 목적은 공유이다. 여러 사람들이 같이 사용한다는 의미다. 비효율적인 SQL의 실행은 자신만의 문제가 아니라 데이터베이스를 사용하는 모든 사람들에게 영향을 줄 수 있을 것이다. 하지만 대부분의 경우는 이러한 것은 장애라고 생각하지 않는 경우가 많다. 이것은 데이터베이스 전문가로서 맨 처음으로 바꾸어야 할 생각이다.

〈표 23〉 데이터베이스 장애의 종류

장애의 종류	주요 내용
미디어 장애	– 하드웨어의 결함으로 발생하는 장애로 CPU, 메모리, 디스크 등의 장애임
인스턴스 장애	– 인스턴스 = DBMS 메모리 + DBMS 관련 프로세스 – 데이터베이스 관리 서버의 프로세스 장애 및 메모리 장애
사용자 장애	– 네트워크의 문제 등으로 발생하거나 혹은 응용 프로그램을 통해 발생 – 대부분의 경우는 사용자들의 데이터베이스에 대한 이해부족으로 발생 – DBA가 데이터베이스 관리를 하다가 발생시키는 실수
성능장애	– 비효율적인 SQL의 사용으로 데이터베이스 관리 시스템의 자원을 독점하여 사용히서 발생되는 지연현상 및 더 드락

데이터베이스 관리 시스템은 어떠한 이유든 발생되는 장애에 대해서 트랜잭션의 기본적인 특성 중인 하나인 연속성을 만족시켜야 한다. 그럼 지금부터는 이러한 장애에 대해서 데이터베이스 관리 시스템이 어떠한 식으로 대응하는지에 대해서 알아보자. 단, 주의할 점은 여기서 이야기하는 것은 트랜잭션 단위이다. 즉, 회복기법이라고 해서 데이터베이스의 데이터 파일을 백업하고 복구하는 것을 의미하는 것은 아니다.

복구 방법을 살펴보기 전에 기본적인 지식은 REDO와 UNDO에 대해서 알아보자.

REDO(Forward Recovery)는 최근 변경된 내용을 로그파일에 기록하고 장애 촬생 시에 로그파일을 읽어서 복구하는 방법이다. 그리고 UNDO(Backward Recovery)가 있다. UNDO는 장애 발생 시에 모든 변경된 내용을 취소하는 방법이다. 즉, REDO는 커밋(Commit) 후의 상태로 복구하고 UNDO는 트랜잭션 수행 이전의 상태로 복구하는 것이다.

그럼 데이터베이스 관리 시스템에서 장애 발생 시에 복구하는 방법에는 어떤 것들이 있는지 알아보자. 데이터베이스 관리 시스템의 장애 발생 시에 복구하는 방법은 크게 로그파일 기반 방법과 그림자 페이지 방법이 있다. 또한 로그파일 기반 방법에는 지연갱신, 즉시갱신, 검사점 기법이 존재한다.

지연갱신(Deferred Modification)은 트랜잭션이 변경한 내용만을 로그파일에 기록하고 트랜잭션이 종료 시에 로그파일의 내용을 데이터파일에 저장한다. 이러한 방식은 복구 시에 UNDO연산은 불필요하고 오직 REDO만을 실행해서 트랜잭션을 복구하는 방법이다.

지연갱신은 장애발생 시에 변경된 로그파일만을 폐기 처분하여 트랜잭션의 장애를 복구 시키는 방법이다.

[그림 26] 지연갱신

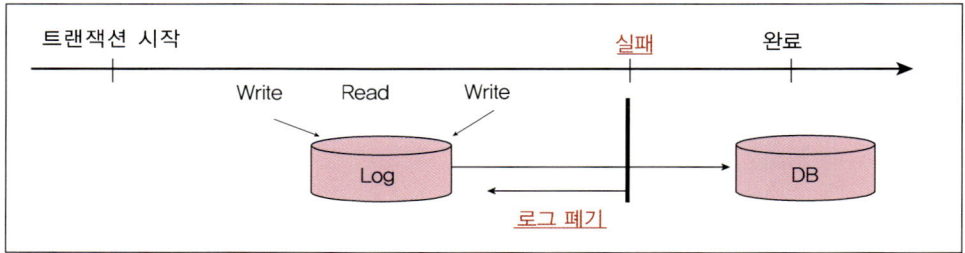

즉시갱신(Immediate Modification)은 트랜잭션의 변경된 데이터를 동시에 로그파일에 저장하고 데이터파일에도 즉시 저장한다. 이 방법은 복구 시에 UNDO와 REDO를 수행하여 트랜잭션을 복구시킨다.

[그림 27] 즉시갱신

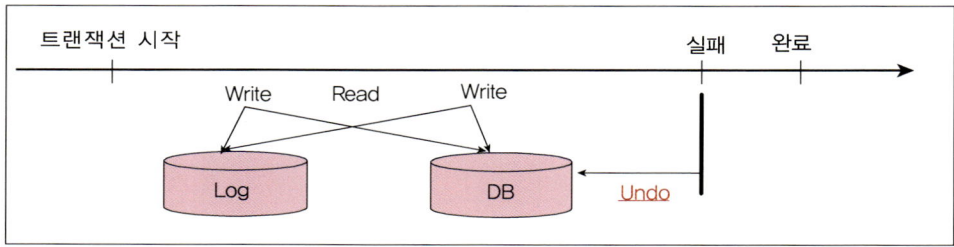

　　검사점(Checkpoint) 기법은 트랜잭션 수행 중 발생하는 변경된 데이터를 로그파일에 기록하고, 일정기간 단위로 로그와 버퍼를 디스크에 반영하고 로그파일에 검사점을 표시한다.

　　트랜잭션 수행 도중 문제점이 발생하면, 로그파일의 정보를 모두 검사해야 하는 기존의 로그파일 기반 기법의 문제를 해결한다. 검사점 기법은 검사점 이후에 발생된 트랜잭션에 대해서만 복구 대상이 된다.

[그림 28] 검사점

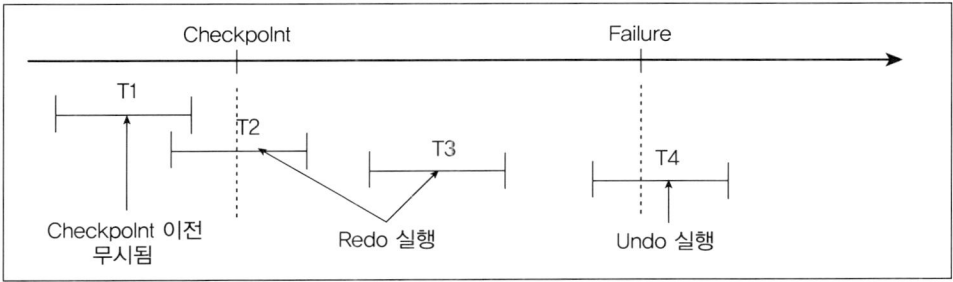

　　그림자 페이지(Shadow Paging)기법은 트랜잭션이 수행되면 현재 페이지를 그림자 페이지로 복사한다. 트랜잭션은 현재 페이지로 작업을 수행하며 장애가 발생되면 현재 페이지를 폐기하고 그림자 페이지를 현재 테이블로 설정하는 방법이다.

〈표 24〉 데이터베이스 복구기법의 비교

장애의 종류	로그 기반	그림자 페이지
복구과정	UNDO, REDO 사용	그림자 테이블로 교체
복구속도	느림	빠름
디스크 사용	적은 양 사용	대량의 데이터 보관
복구 데이터	하나의 파일을 로그로 사용	분산된 그림자 테이블 생성
확장성	확장이 용이	알고리즘 복잡으로 어려움

이렇게 장애와 복구방법은 로그기반과 그림자 페이지로 나누어지며 어떠한 방법을 쓸지는 고민해야 한다. 하지만 대부분의 관계형 데이터베이스는 검사점(Checkpoint)를 활용한다.

본 장에서는 데이터베이스에서 사용되는 트리(Tree)에 대해서 알아보자. 우선 데이터베이스에서 사용되는 트리에는 B− Tree가 있으며 본 장에서는 B− Tree에 대해서 알아볼 것이다.

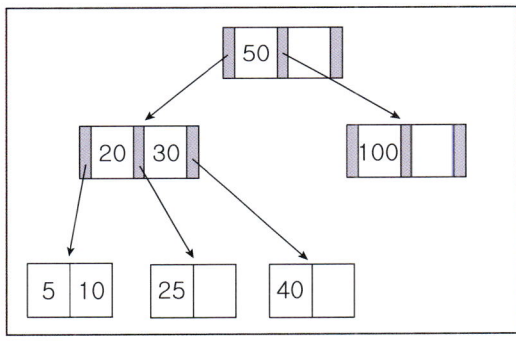

B− Tree는 균형트리이다. 즉, 트리의 전체구조가 균형을 이룬다는 것이다.
　만약 균형을 이룰 수 없다면 분해를 통해서 균형을 맞춘다.

　이 중에서 B− Tree는 노드의 1/2가 채워지면 분해가 일어나서 트리의 균형을 맞추는 구조이다.

　B− Tree는 트리의 균형을 유지하므로 조회 시에 항상 균등한 성능을 유지하는 것이 장점이다.

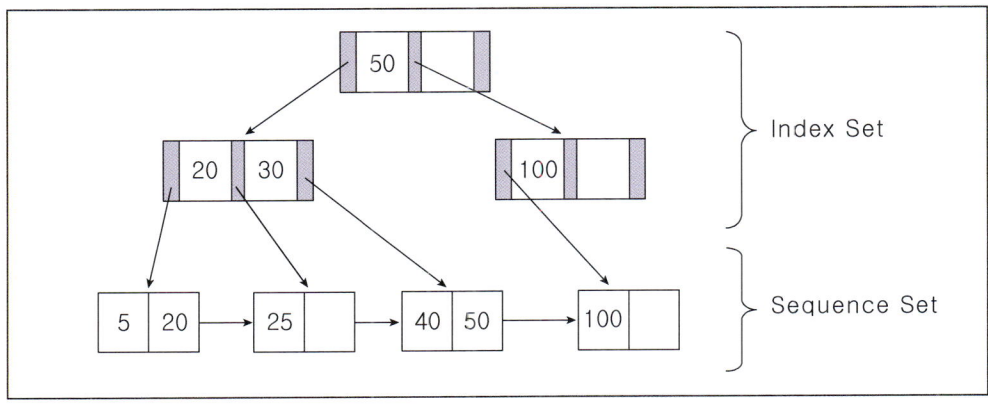

B- Tree는 삽입 시에 빈번한 분할이 발생하며 이것을 해소하기 위해서 B*Tree가 등장하였다.

B*Tree는 Root노드(제일 상위 부모노드)와 Leaf노드(제일 하위 자식노드) 이외의 노드는 2/3 이상 채워져야 분해가 발생하는 구조로서 B- Tree의 단점을 해결하기 위한 것이다.

TRIE는 키 값을 이루는 문자의 개수를 레벨로 구성하는 구조로서 노드는 포인터(Pointer)로 이루어지며 노드 내의 포인터의 위치가 곧 값이 되는 구조이다.

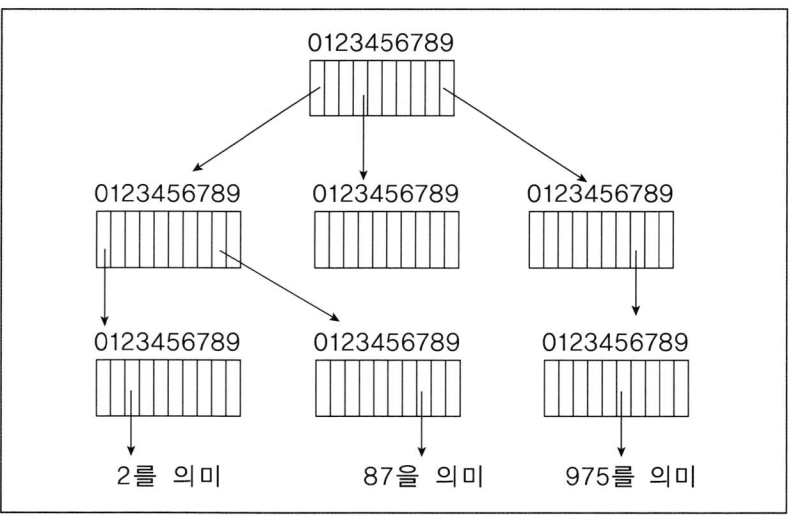

그럼 B- Tree, B*Tree 또한 메인 메모리 데이터베이스에서 사용되는 T- Tree를 비교해 보자.

〈표 25〉 데이터베이스 복구기법의 비교

구 분	B- Tree	B*Tree	T- Tree
목 표	Data 저장 구조의 최적화		Memory 구조의 최적화
특 징	각 노드가 최소한 이상 차지하면 분열	각 노드가 최소한 2/3이상 차 있어야 분열	휘발성 특성을 가짐
장 점	안정성, 신뢰성, Recovery성 우수	B- Tree에 비해 분열이 적으며 연산도 용이	데이터 저장 및 검색속도가 대단히 빠름
단 점	데이터 저장의 효율성이 미흡	검색속도가 B- Tree보다 미흡	대용량 데이터 처리가 어려움
적 용	RDB에 Data저장 및 Indexing에 적용		MMDB Data 저장 및 Indexing에 적용

지금까지 간단하게 데이터베이스에서 사용되는 트리에 대해서 알아 보았다. 위의 비교표는 꼭 알아두기 바란다.

5 데이터베이스 보안

데이터베이스는 여러 사람이 데이터를 공유하기 위해서 만들어졌다. 하지만 이러한 좋은 목적에도 불구하고 특정한 데이터는 여러 사람에게 누출되어서는 안 되는 데이터도 있다. 또한 전혀 접근하면 안 되는 사용자가 데이터베이스에 접근해서 데이터를 유출한다면 좋은 목적으로 만들어진 데이터베이스 때문에 역효과가 발생할 수가 있을 것이다.

최근 기업 내부의 데이터가 외부에 유출되는 사고를 방송을 통해서 많이 보았다. 고객에 대한 개인정보가 유출되어 피해를 보는 사람이 나타나고 있다. 본 장에서는 기업의 데이터베이스를 허가된 사용자만 사용 할 수 있는 방안을 설명한다.

우선 데이터베이스 보안이 제공하여야 할 보안 서비스에 대해서 생각해 보자.

데이터베이스 보안 서비스의 첫 번째는 기밀성(Secrecy)이다. 기밀성이란 정보의 부적절한 누출을 방지하기 위해 데이터베이스의 데이터 등을 암호화하는 것을 의미한다. 설사 데이터베이스 내의 데이터가 유출 되어도 암호화된 데이터로 인하여 침입자는 그것의 의미를 알 수가 없는 것이다. 두 번째는 무결성(Integrity)이다. 무결성이란 부적절한 사용자가 데이터베이스의 데이터에 대해서 부적절한 변경을 방지하는 것이다. 무결성을 만족하기 위한 방법은 ACL(Access Control List)를 통하여 접근제어 하고 권한이 할당된 데이터에 대해서만 변경을 가능하게 하는 것이다. 세 번째는 가용성(Availability)이다. 가용성이란 정당한 데이터베이스 사용자는 항상 데이터베이스를 사용할 수 있는 특성이다. 즉, 정당한 사용자가 데이터베이스의 접근을 거부 당하면 안 되며 가용성을 제공하기 위해서는 데이터베이스 관리 시스템에 대해서 24시간 365일 서비스를 제공해야 할 것이다.

〈표 26〉 데이터베이스 보안 기능

보안 기능	주요 내용
기밀성(Secrecy)	정보의 부적절한 누출을 방지
무결성(Integrity)	부적절한 사용자가 데이터에 대한 부적절한 변경 방지
가용성(Availability)	허가된 사용자는 항상 서비스를 제공 받아야 함

이러한 데이터베이스가 제공 해야 할 보안 서비스를 만족하는 방법에는 데이터 암호화, 접근제어라고 불리는 Access Control 및 뷰(View) 등이 있다. 데이터 암호화는 몇 년 전 까지만 해도 큰 이슈가 아니었다. 하지만 최근 기업 데이터 유출로 인해 피해가 커지며서 데이터 암호화의 중요성이 부각된다. 특히 금융권의 경우는 고객의 개인정보 중에서 패스 워드는 의무적으로 암호화를 수행해야 한다. 향후 고객의 중요한 개인정보에 대해서도 암 호화가 실시 될 것으로 예상된다. 또한 뷰는 데이터베이스 테이블에 대해서 부적절한 사 용자가 사용하는 것을 방지하기 위해서 칼럼 등의 조합으로 특정 사용자에게만 보여져야 할 데이터를 제한 할 수가 있다.

그럼, 이제 데이터베이스 보안기술의 핵심인 접근제어(Access Control)에 대해서 알 아보자.

우선 접근제어의 구성요소를 확인해 보고 용어에 대한 학습이 필요하다.

〈표 27〉 접근제어의 구성요소

종류	주요 내용
주체(Subject)	데이터베이스를 사용하는 사용자 예) 사용자 및 응용 프로그램
객체(Object)	데이터베이스에서 보호 해야 할 단위 예) 테이블, 행, 열, 부 등
조치	주체가 객체에 대해서 할 수 있는 권한 예) Read, Write, Delete 등
제약	주체, 객체, 조치에 대한 허가사항 및 제반 명세

접근제어는 데이터베이스에 대해서 부적절한 사용자의 접근을 통제하고 허가된 사용자 만 데이터베이스에 접근하며 권한을 할당 할 수 있는 보안기술을 의미한다.

이러한 접근제어의 종류에는 신분을 기반으로 하는 DAC(Discretionary Access Control)와 규칙을 기반으로 하는 MAC(Mandatory Access Control) 그리고 DAC와 MAC의 특성을 포함하는 직무기반(Role- base)인 RBAC(Role base Access Control)이 있다.

〈표 28〉 접근제어의 종류

종 류	주요 내용
DAC	사용자에 대한 접근제어 방법, 주체에 의한 접근제어
MAC	각 객체에 대한 접근제어, 객체 별 분류등급, 주체에 인가등급 부여
RBAC	사용자에게 권한이 부여된 직무(Role)를 부여

접근제어를 간단히 이야기하면 데이터베이스 관리 시스템을 사용하기 위해서는 DB ID 와 패스워드가 필요하다. 이러한 것을 신분기반인 DAC라고 하고 데이터베이스에 접근이 되었으면 테이블, 뷰, 인덱스 등의 객체를 사용하려고 할 것이다. 이러한 객체에 대한 사용 권한은 MAC가 된다. 그런데 DAC와 MAC의 사용자와 접근권한 간의 1:1 매핑구조를 탈 피하여 Role(예: DBA Role 등)이라는 추상화된 권한을 도입한 기법이 RBAC이다.

그럼 DAC , MAC, RBAC의 예를 보자.

〈표 29〉 DAC와 MAC

DAC	주요 내용

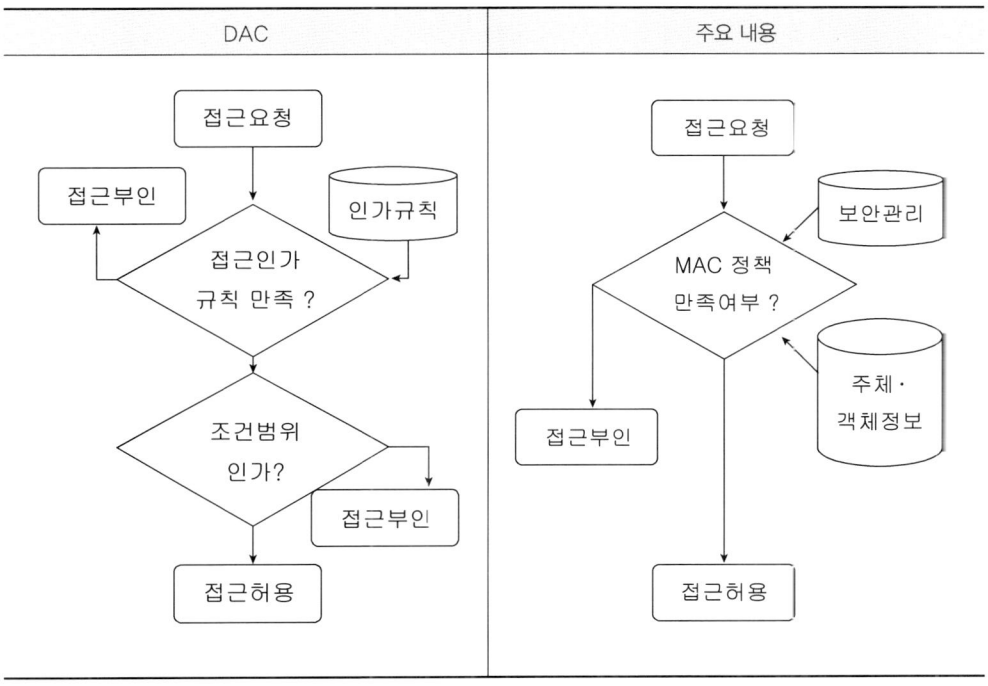

다음으로 RBAC의 기본모델에 대해서 알아보자.

[그림 29] RBAC의 기본모델

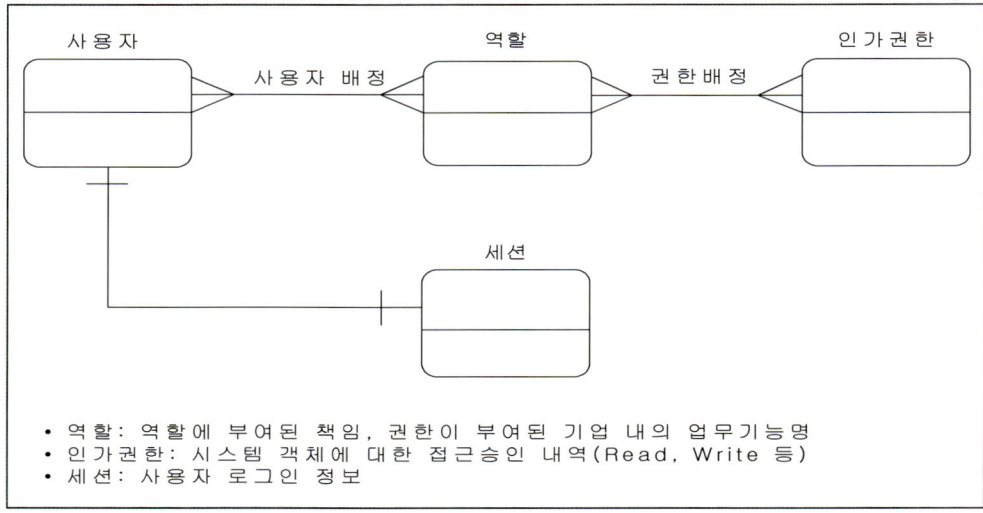

지금까지 데이터베이스 보안에 대해서 알아 보았다. 이 부분은 보안을 공부할 때 참조해서 같이 학습하기 바란다.

문제〉	데이터베이스 보안		
카테고리	데이터베이스 〉 데이터베이스 특징 〉 보안	난이도	중

[문제풀이]

1. 데이터베이스의 외부 및 내부 침입에 보호하기 위한 데이터베이스 보안 개요

　가. 데이터베이스 보안(Database Security) 정의

　　– 데이터베이스 및 저장된 데이터의 비인가된 접근, 변경, 파괴, 노출 등의 행위로

부터 보호하기 위한 조직, 기술적의 모든 활동

나. 최근 데이터베이스 보안이 부각되는 이유

- 기밀성: 개인정보, 기업정보 유출, 무결성: 데이터 손상 및 훼손
- 가용성 및 인증: 비정상적 계정권한 변경, 비인가자 접근

2. 데이터베이스 보안 구현기능 및 데이터베이스 보안 솔루션 유형

가. 데이터베이스 보안 구현기능

1) 접근통제: DAC(주체, 객체신원기반), MAC(비밀등급 권한기반, 객체기반), RBAC (역할기반), Log Tracing

2) 허가규칙: 허가 받지 않은 데이터 접근 방지

3) 암호화: IT Compliance, 비인가자 접근 시 확인 불가

4) 가상 테이블(View): 데이터베이스 사용자 권한별 접근, 조회

나. 데이터베이스 보안 솔루션

비교항목	DB암호화	DB감사	접근제어기반
장점	불법 데이터 취득 확인 불가 (기밀성)	내부통제, 사후감사/추적	독립서버, 다중 인스턴스 통계
단점	운영서버부하, SQL로그인 불가, DB단위 접근제어	Packet Loss 존재, 사후 조치, 접근제어 불가	이중화 필요, 우회를 통한 보안 문제

3. 데이터베이스 보안 고려사항 및 기대효과

가. 데이터베이스 보안 솔루션 도입 시 연계 시스템 간 확장성, Failover 등 안정성을 고려한 선택이 필요

나. 보안 정책적용 및 기술적 적용 이후로 지속적 관리가 중요, ISO 27000 인증을 통해서 내부통제 및 보안조직, 보안 프로세스 정립 등 내재화

다. IT Compliance를 준수하는 보안 시스템 구축

"끝"

기출문제
▣ 단답형 / 서술형
– 제 69회 정보처리기술사 시험 이후에는 기출문제 없음

예상문제

■ 단답형

– 트랜잭션
– B- Tree
– ACL
– ACL의 활용사례를 설명하시오.
– REDO와 UNDO의 차이점을 설명하시오.

■ 서술형

– 동시성제어 기법 및 각 기법별 장단점을 설명하시오.
– 데이터베이스 트랜잭션 장애에 대한 복구방법을 설명하시오.
– 데이터베이스 보안기능 및 보안전략, 보안기술에 더해서 설명하시오.
– RBAC를 사례를 들어 설명하시오.

데이터베이스의 기본적인 기능 요약

본 장에서는 데이터베이스 관리 시스템의 기본적인 내용을 알아보았다.
트랜잭션의 직렬성을 보장하기 위한 동시성제어 및 트랜잭션 장애를 복구하기 위한 방안 등을 알아보았으며 검색을 위한 B- Tree 및 데이터베이스 보안에 대해서 알아보았다.

주의점은 데이터베이스 보안은 너무 기술적인 측면간을 생각하지 말아야 한다는 것이다.
관리적인 측면도 같이 고려되고 적용되어야 한다는 것을 잊지 말기 바란다.

STEP 4

인프라로서의 데이터베이스 활용

인프라로서의 데이터베이스 활용 개관

　기업의 정보시스템의 증가로 인한 데이터의 폭증을 정보로 변환하기 위한 데이터 웨어하우스의 구축 필요성과 목적을 이해하고 데이터 웨어하우스를 구축하기 위한 ETT, ODS, 메타 데이터를 학습하며 데이터 웨어하우스를 활용하기 위한 OLAP과 OLAP 모델링의 핵심인 다차원 모델링에 대해서 알아보자.

　마지막으로 데이터 웨어하우스를 이용해서 의사결정에 사용하기 위한 데이터 마이닝의 기법에 대해서 알아보자.

학습목표

- 데이터 웨어하우스의 특징 및 구성요소, 구축방법을 학습한다.
- 데이터 웨어하우스의 문제점을 이해한다.
- ETT의 주요기능 및 ETT의 과정을 학습한다.
- 데이터 웨어하우스 메타 데이터의 기능 및 종류를 학습한다.
- OLAP의 기능 및 ROLAP과 MOLAP의 차이점을 학습하고 다차원 모델링에 대해 학습한다.
- 데이터 마이닝 기법의 특징과 데이터 마이닝 절차, 활용방안에 대해서 학습한다.

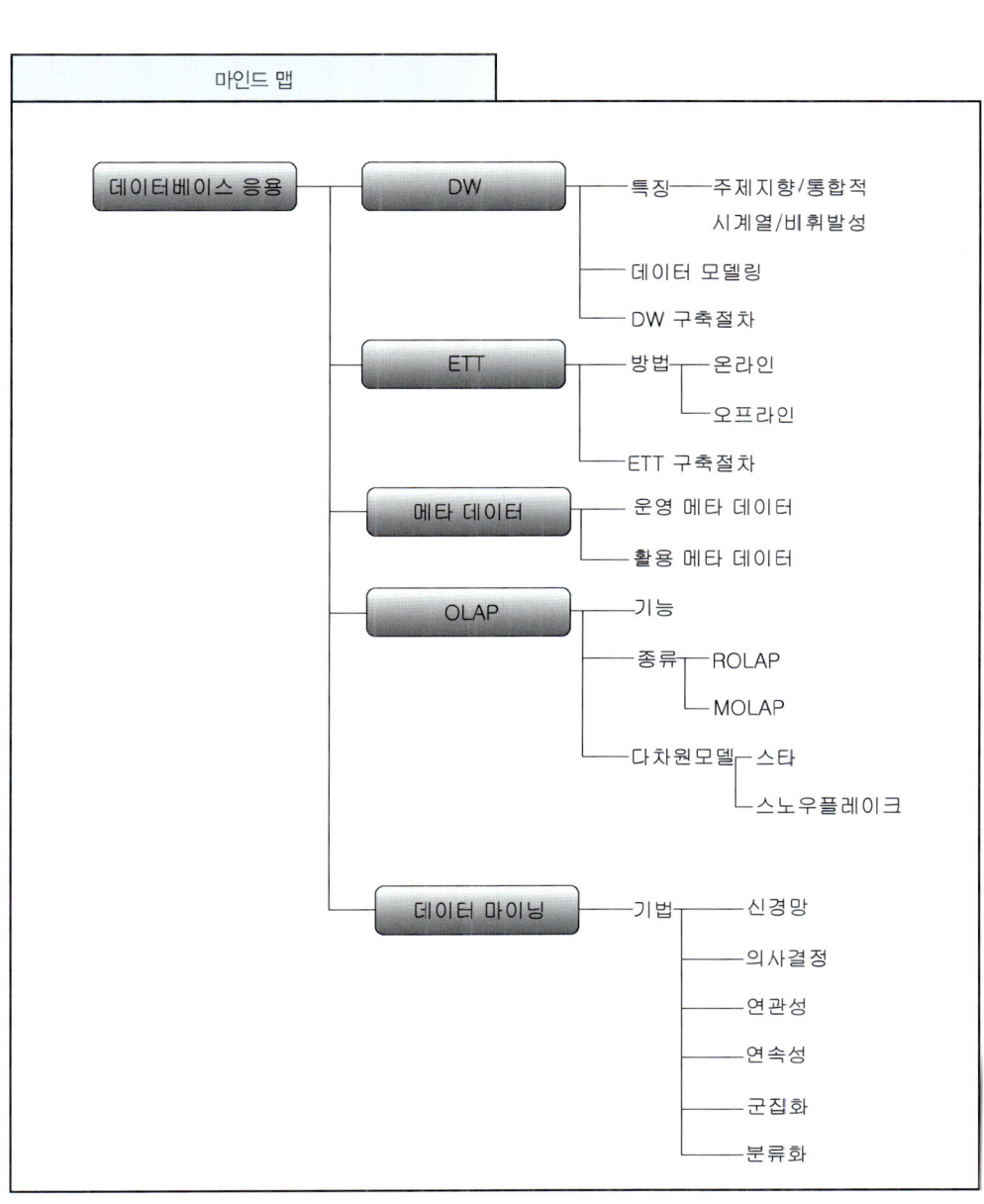

1 데이터 웨어하우스(Data Warehouse)

IT가 발전하면서 기업에는 많은 양의 데이터가 발생하였다. 이러한 데이터를 가공, 분석하여 정보로서의 가치 변화가 중요하게 되었고 이러한 정보는 기업의 의사결정에 영향을 줄 수 있는 중요한 요소로 인식되기 시작했다.

이러한 과정에서 기업의 데이터를 수집하고 특정한 목적에 맞게 가공(정제)하여 분석할 수 있는 통합 데이터베이스인 데이터 웨어하우스가 등장하게 되었다.

즉, 데이터 웨어하우스는 기업의 합리적인 의사결정을 위해서 기업 내부 및 외부 데이터를 통합한 데이터의 집합체이다.

데이터 웨어하우스는 기업의 모든 데이터를 하나의 전사적 데이터베이스에 보관하는 것을 의미하지 않는다. DW의 대가인 Bill Inmon은 데이터 웨어하우스가 가져야 하는 4가지 특징을 정의 하였고 그 특징은 데이터 웨어하우스의 기본요소이다.

첫 번째, 데이터 웨어하우스는 주제지향적(Subject Oriented)이어야 한다. 이 말은 기존 OLTP 시스템의 데이터베이스를 데이터 웨어하우스에 그대로 저장하는 것이 아니라 정보를 '특정한 주제에 맞게(고객, 창구, 상품 등) 분류, 가공하여 구조화 시켜야 한다'라는 의미이다.

두 번째, 데이터 웨어하우스 내의 데이터는 기업 내부의 운영 데이터와 기업외부에서 수집된 외부 데이터를 통합하고 그것은 가공되어야 한다. 이것이 데이터 웨어하우스의 두 번째 특징인 통합적(Integrated)의 의미이다.

세 번째, 데이터 웨어하우스 내의 데이터는 시계열성(Time- Variant)이어야 한다. 즉, 과거, 현재 데이터를 일정기간 동안 저장하여 미래를 예측하고 시점 별로 분석이 가능해야 한다.

네 번째, 데이터 웨어하우스 내의 데이터는 비소멸성(Non- volatile)의 특징을 갖는다.

데이터 웨어하우스 내의 데이터는 데이터 갱신이 발생하지 않는 조회 전용(Read-Only)이어야 한다.

주제지향적, 통합적, 시계열성, 비소멸성이 Bill Inmon이 정의한 데이터 웨어하우스의 기본 특징인 것이다.

〈표 30〉 데이터 웨어하우스의 특징

특 징	주요 내용
주제지향적 (Subject Oriented)	- 정보를 특정한 주제에 맞기(고객, 창구, 상품 등) 분류, 가공하여 구조화 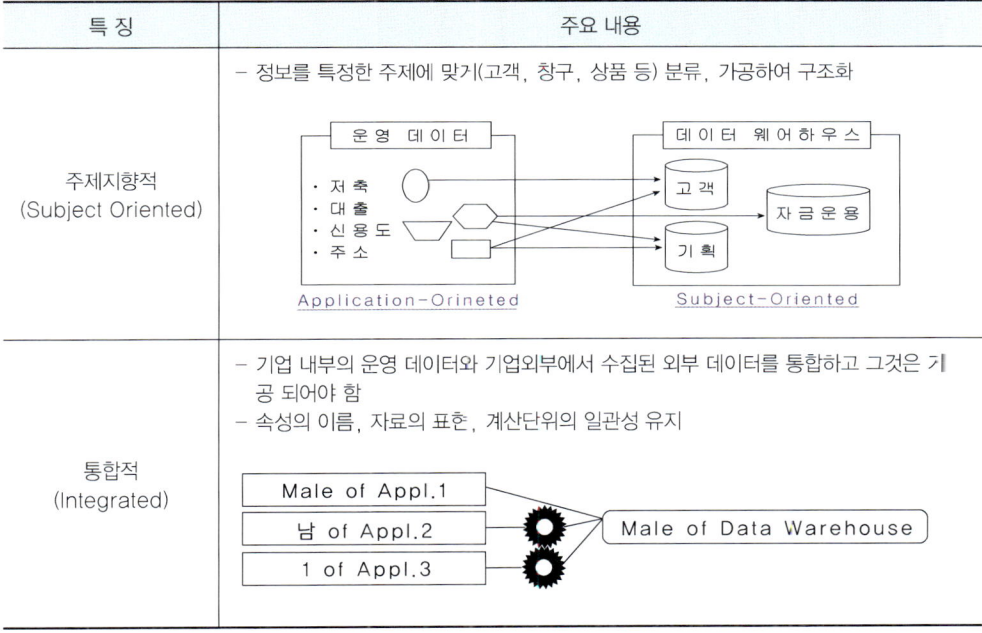
통합적 (Integrated)	- 기업 내부의 운영 데이터와 기업외부에서 수집된 외부 데이터를 통합하고 그것은 가공 되어야 함 - 속성의 이름, 자료의 표현, 계산단위의 일관성 유지

특 징	주요 내용
시계열성 (Time- Variant)	- 과거, 현재 데이터를 일정기간 동안 저장하여 미래를 예측하고 시점 별로 분석이 가능 운영 데이터 / 데이터웨어하우스 Time 1 / Time 2 / Time 3 최근 값으로 변경 / 새로운 레코드의 추가
비소멸성 (Non- volatile)	- 갱신이 발생하지 않는 조회 전용(Read- Only)

1) 데이터 웨어하우스 구축 방법

그럼, 이제 데이터 웨어하우스 구축을 위해서는 어떠한 것들이 필요한지를 알아보자.

우선 데이터 웨어하우스를 구축하려면 데이터가 있어야 한다. 이러한 데이터는 기업내부 데이터와 기업외부 데이터로 분류할 수 있다.

기업내부 데이터는 OLTP에 의해서 생성된 데이터들이며 인사정보, 고객정보, 재무정보, 주문정보 등의 기업내부에 존재하는 모든 데이터를 의미한다. 기업외부 데이터는 외부기관이나 신문 등과 같은 곳에서 얻을 수 있는 것으로 타사정보, 경제동향 및 시장동향 그리고 여론조사 결과 등의 데이터를 의미한다.

이러한 기업내부 및 기업외부 데이터를 데이터 웨어하우스에 적재하려면 ETT 과정이 필요하다. ETT는 기업내부 및 기업외부 데이터를 추출하고 정제하여 데이터 웨어하우스에 적재하는 과정이다. 실제 데이터 웨어하우스 구축 시에 가장 많은 시간과 노력이 필요한 것이 ETT 과정이며 데이터 웨어하우스 프로젝트의 약 60%의 노력이 소요된다.

ETT 작업 시에 기업의 내부 데이터는 한 곳의 OLTP 시스템에 모여 있을 수도 있고 여러 곳의 시스템 분산되어 있을 수도 있다. 대부분의 기업은 분산되어 있으며 때로는 이기종 데이터베이스를 ETT 툴이 상호 연동하는 기능도 필요하다. 이러한 데이터를 츠출하고 정제하는 작업을 수행한다. 데이터 칼럼의 의미를 통일하고 칼럼의 값을 통일하며 (예: 성별 칼럼의 M은 남자로 값을 통일) 최종 데이터 웨어하우스에 적재를 위한 데이터 구성을 재 구조화를 수행한다. 이러한 ETT작업은 OLTP와 데이터 웨어하우스의 중간에 ODS(Operational Data Store)를 두어 처리할 수도 있다. ETT작업의 마지막 단계로 정제된 데이터를 데이터 웨어하우스에 주제별로 적재하는 작업을 수행해야 한다.

데이터 웨어하우스에 데이터를 적재하기 위해서는 데이터 모델이 필요할 것이다. 데이터 모델은 ER(Entity- Relationship)모델을 활용하여 데이터 웨어하우스의 데이터베이스 모델을 구축하고 또한 다차원 분석을 위하여 다차원 모델을 데이터 웨어하우스어 생성해야 할 것 이다. 데이터 웨어하우스의 데이터 모델과 다차원 모델에 대해서는 뒤여 다시 다루기로 하겠다.

데이터 웨어하우스에 데이터가 적재되면 데이터 웨어하우스에 수많은 데이터가 생성되게 된다. 이러한 데이터를 관리 하기 위해서는 데이터베이스 관리자에게 데이터어 대한 정보를 제공하는 메타 데이터(Meta Data)를 제공해야 한다. 이러한 메타 데이터를 '운영 메타 데이터'라고 하고 고객에게도 데이터 분석을 위해서 제공하는 메타 데이터를 '활용 메타 데이터' 라고 한다.

[그림 30] 데이터 웨어하우스 메타 데이터

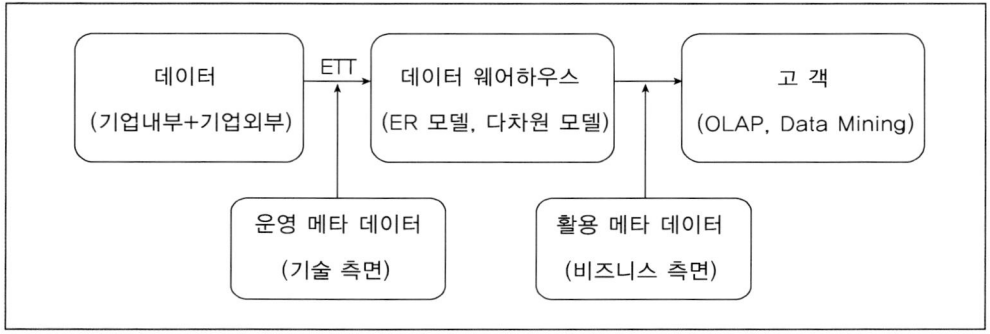

데이터 웨어하우스 메타 데이터의 기능을 살펴보면

- 데이터의 설명력 증대를 위해 데이터 정의 속성을 설명 할 수 있는 데이터
- 데이터 웨어하우스 데이터에 대한 사용성과 관리 효율성 증대
- 데이터의 원천으로 수집, 가공, 검색, 폐기 등에 관련된 데이터
- 데이터 사전으로 데이터 웨어하우스의 설계, 운용, 확정에 대한 데이터
  등이 있다.

이렇게 구축된 데이터 웨어하우스를 활용하는 측면에서 필요한 요소를 알아보자. 데이터 웨어하우스를 활용하는 대표적인 예는 고객들이 사용하는 OLAP이라는 솔루션이다. OLAP은 데이터 웨어하우스의 데이터를 고객이 대화식으로 분석하는 작업을 처리하는 솔루션이다.

그리고 대규모의 데이터로부터 이전에 알지 못했던 사실이나 패턴을 분석하는 데이터 마이닝(Data Mining)이 있다. 또 최근 주목 받은 BSC, RMS, BI 등의 솔루션 등도 데이터 웨어하우스와 연동하여 의사결정을 위한 분석 기능을 수행할 수가 있다.

이러한 OLAP, 데이터 마이닝 및 기타 경영기반의 솔루션을 활용하여 데이터 웨어하우스의 데이터를 분석 할 때는 데이터 웨어하우스와 직접 연동하여 분석할 수도 있지만 사업 단위별로 혹은 분석목적 별로 데이터 마트(Data Mart)를 만들어 수행할 수도 있다.

또한 데이터 웨어하우스를 전자적으로 구축 할 수 있지만 일정 및 경제성 그리고 변화 부분을 고려하여 소규모의 데이터 마트를 구축 후에 향후 전사적 데이터 웨어하우스로 통합 할 수도 있다. 이러한 구축 방법을 상향식(Bottom- Up)이라고 하며 전사적 데이터 웨어하우스를 구축하고 필요에 따라 데이터 마트를 구축하는 것은 하향식(Top- Down) 구축 방법이라고 한다.

지금까지 데이터 웨어하우스를 구축하기 위해서는 어떤 것들이 있는지 알아보았다.

〈표 31〉 데이터 웨어하우스의 구성 요소

구성 요소	주요 내용
데이터 모델	- 주제지향적으로 설계된 ER 모델 - OLAP을 활용한 다차원 분석을 위한 다차원 모델
ETT	- 기업내부 및 기업외부 데이터를 추출, 정제 및 데이터 웨어하우스에 적재를 수행하는 즈업
ODS	- 다수의 OLTP 시스템에서 데이터 추출하는 ETT 과정을 통합적으로 관리하는 데이터베이스 - 경우에 따라 ODS를 통해서 데이터 조회도 발생
DW Meta Data	- 데이터 웨어하우스의 데이터 모델에 대한 정보를 제공하는 운영 메타 데이터와 비즈니스 측면에서 정보를 제공하는 활용 메타 데이터
OLAP	- 고객이 직접 OLAP 툴을 통하여 다차원 분석을 수행하는 솔루션
Data Mining	- 규모의 데이터로부터 이미 알려지지 않은 사실과 패턴을 분석하는 과정
경영기반 솔루션	- 분석을 위한 BSC, RMS, BI, DSS, EIS 등의 경영기반 솔루션

〈표 31〉의 내용이 데이터 웨어하우스의 구성요소라고 할 수 있다. 하지만, 꼭 위의 모든 것이 있어야 하는 것은 아니다.

[그림 31] 데이터 웨어하우스의 구성도

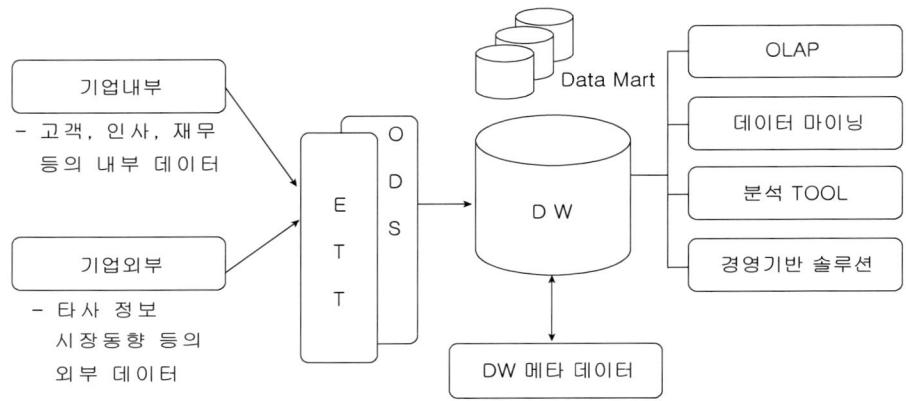

앞에서 이야기 한 것처럼 데이터 웨어하우스의 구축 방법에는 하향식과 상향식으로 크게 분류 할 수 있으며 하향식을 상세히 분류하면 수직적 하향식과 수평적 하향식으로 분류 할 수가 있다.

〈표 32〉 데이터 웨어하우스의 구축 방법

구축 방법	주요 내용
수직적 하향식	– 데이터 웨어하우스를 구축 후에 데이터 마트를 구축 – 전사적 구축은 통합된 데이터 모델이 가능 하지만 많은 비용과 시간이 필요
수평적 하향식	– 데이터 마트의 단계적 구축과 데이터 웨어하우스의 점진적 구축 수행 – 단계적 접근으로 시간과 비용을 최소화
상향식	– 사업부서별 데이터 마트를 구축 후에 전사적 데이터 웨어하우스로 통합 수행 – 신속한 구축이 가능하며 구축이 용이함 – 향후 전사적 데이터 웨어하우스로의 통합의 어려움

지금부터는 데이터 모델의 구축절차에 대해서 알아보자. 데이터 모델 즉, ER 모델의 구축은 데이터 웨어하우스에서 가장 중요한 부분 중에 하나이다.

〈표 33〉 데이터 웨어하우스의 데이터 모델 구축 절차

데이터 모델 구축 절차	주요 내용
원천 데이터 분석	– 데이터 웨어하우스에 적재 될 원천 데이터의 위치 및 용량 분석 – 추출 방법 및 환경분석
데이터 표준 정의	– 데이터 웨어하우스에 적재 될 데이터에 대한 표준을 정의하여 데이터를 통합 – 칼럼명, 형식, 값의 범위, 저장방법, 변환요소 – 저장기간 등을 정의함
데이터 아키텍처 문서화	– 데이터 표준 딫 품질 그리고 원천 데이터에 대한 정보 – 메타 데이터 정의 및 각종 요구사항 문서화 수행 – 데이터 소스 댑 구성
논리모델 생성	– 데이터 웨어하·우스의 주제영역별로 논리적 모델링을 수행 (데이터베이스 설계 참조)
물리모델 생성	– 데이터 증감 및 활용을 고려하여 데이터 웨어하우스용 데이터베이스를 선정 – 물리적 데이터베이스를 구축
메타 데이터 구축	– 운영 메타 데이터와 활용 메타 데이터를 구축

데이터베이스 모델링 부분의 대해서는 데이터베이스 설계 부분을 참조하기 바란다.

이제 데이터 모델 부분이 아닌 전체적인 관점에서 데이터 웨어하우스를 구축하기 위한 절차에 대해서 생각해 보자.

〈표 34〉 데이터 웨어하우스의 구축절차

구축 절차	주요 내용
요구사항	– 데이터 웨어하우스의 구축 목적 정의 – 고객의 요구사항에 대한 문서화 작업
환경분석	– 데이터 웨어하우스를 구축하기 전에 현 시스템 환경의 분석 수행 – 정보시스템 및 현업의 IT 이해도 및 사용현황, 조직 등에 대한 환경분석 작업 수행 – 원시 데이터 현황 및 추출방법 정의 – 주제별 데이터 웨어하우스의 모델을 정의
설 계	– 데이터 웨어하우스 아키텍처 수립 – ETT 계획과 솔루션 선정 및 방법에 대한 정의 – 데이터베이스 모델링 수행 – 테스트 계획 수립
구 축	– ETT, 응용 프로그램, 데이터 웨어하우스 구축 – OLAP 및 분석 TOOL 구축 – 통합 테스트 수행
유지보수	– 비즈니스 영향도 검토, 사용현황 및 가치 판단 – 메타 데이터 관리 및 변경관리 수행

그럼 이러한 데이터 웨어하우스만 구축하면 정말 기업 의사결정에 도움을 주고 고객이 만족하는 IT 환경을 가져다 줄 수 있는가? 또한 데이터 웨어하우스 실패요인은 무엇인가? 즉, 데이터 웨어하우스의 문제점을 생각해 보아야 할 것이다. 그것이야말로 좀 더 비즈니스에 적합한 데이터 웨어하우스를 구축 할 수 있는 방법이 될 것이다.

데이터 웨어하우스의 문제점은 여러 가지 관점에서 생각 해 볼 수 있으나 여기에서는 기술적인 관점과 사업적인 관점에서 생각 해 보자.

기술적인 관점으로 데이터 웨어하우스를 생각 해 보면 우선은 데이터가 문제일 것이다.

즉, 기업의 데이터는 정제되어 있지 않으며 이러한 데이터를 확인하고 정제하는 것은 많은 노력과 시간이 필요로 한다. 또한 데이터 표준화를 수립하여 영역 무결성을 정의하고 정제하는 방법과 정제내용에 대한 정의가 필요할 것이다.

또한 데이터를 확인하고 추출하여 정제 후 적재를 할 때 생각해 볼 문제가 있다.

즉, 데이터 모델을 설계 할 때 기업에 맞는 주제지향 설계가 필요하다. 주제지향 설계라는 것은 기술적인 관점보다는 사업적인 관점이 중요하며 고객의 요구사항을 정확히 파악하여 그것을 해소하기 위한 데이터 모델의 설계 또한 데이터의 정제와 더불어 중요한 요소일 것이다.

데이터 웨어하우스의 특징을 보면 비휘발성이라는 것과 시계열적이라는 특성이 있다. 이 말은 읽기전용이고 히스토리 데이터를 누적해야 한다는 의미이다. 그럼 과연 언제까지 데이터를 누적하고 과거 어느 시점의 데이터부터 적재를 시작해야 할지를 고민해야 한다.

물론 답은 기업의 여건과 요구사항에 따라 다를 것이다. 또한 계속 증감되는 데이터를 어떻게 관리 할 것인가? 디스크가 아무리 저가라고 해도 무한정 디스크를 늘리고 관리하는 데이터를 증가시킬 수는 없을 것이다. 즉, 이러한 대용량 데이터에 대한 관리 방법이 정의되어야 한다. 데이터 웨어하우스는 대용량 데이터를 관리하고 이것을 사용하므로 데이터 베이스의 성능관리 또한 어려운 문제이다. 다수의 사용자가 다량의 데이터를 조회하거나 야간 배치작업을 통하여 데이터를 적재할 때 데이터베이스의 성능은 중요한 요소이다.

그러므로 데이터 웨어하우스 구축 초기부터 증가되는 데이터 양을 분석하고 관리 대상의 데이터를 정의하며 성능계획을 수립하는 것은 성공적인 데이터 웨어하우스 구축에 있어서 중요한 부분이다.

그럼 이러한 기술적인 문제점만 해결하면 성공적인 데이터 웨어하우스를 구축할 수 있는가? 본인이 근무하는 회사의 경우 약 10억 정도의 비용을 소요하여 데이터 웨어하우스를 구축 하였다. 이것은 오직 구축비용이고 이것을 운영하기 위한 인건비 및 기타 간접비를 계산하면 결코 적지 않은 비용을 지출 한 것이다. 이렇게 많은 비용과 시간을 소요하여 데이터 웨어하우스를 구축 하였지만 데이터 웨어하우스의 사용률이 미비하다.

즉, 현업이 데이터 웨어하우스를 사용하는 것은 전혀 없고 IT 직원이 필요에 따라 데이터를 조회하는 정도이다. 무엇이 이렇게 만들었을까? 그것은 데이터 웨어하우스 구축 시에 사업적인 관점에 대한 고려가 미비했기 때문이다. 즉, 사업적인 관점에서 데이터 웨어하우스를 바라보아야 한다.

사업적인 관점에서 데이터 웨어하우스의 문제점을 바라보면 우선은 현업이 데이터 웨어하우스의 필요성을 느끼지 못하고 있다. 즉, 데이터 웨어하우스가 사업적으로 어떠한 도움을 주는지에 알지 못하고 있다. 이것은 현업이 데이터 웨어하우스를 이해하지 못해서가 아니라 비즈니스를 고려하지 않고 데이터 웨어하우스를 구축한 우리의 잘못이다.

또한 현업의 IT 수준도 중요하다. 데이터 웨어하우스를 활용하는 현업이 쉽고 편하게 그리고 자신에게 도움을 주는 데이터 웨어하우스를 구축해야 한다. 그래야 데이터 웨어하우스의 구축 목적인 데이터 분석을 통한 기업의 의사결정의 합리성에 만족 할 것이다.

데이터 웨어하우스의 구축은 많은 비용과 시간이 필요하다. 그러므로 구축 전에 고객의 요구사항과 비즈니스를 이해하고 기존 정보시스템에 대한 사전평가는 매우 중요하다. 이러한 작업이야말로 데이터 웨어하우스의 성공적인 구축을 보장할 수 있을 것이다.

| 문제〉 | 데이터웨어하우스는 기업의 의사결정 시스템의 기본 인프라이다.

이러한 데이터웨어하우스에서 주제지향적 통합에 대해서 예를 들어 설명하시오.

[예제: 시나리오]
1) 기업 내 정보시스템은 수신과 여신을 담당하는 뱅킹 시스템과 고객관리를 하는 CRM 시스템 두 개로만 구성된다.
2) 뱅킹 시스템은 계좌를 활용하여 입출금을 수행할 수 있으면 고객의 입출금 정보를 관리한다.
3) CRM 시스템의 고객 기본정보와 Call Center를 통해서 오는 상담일지 정보를 가지고 있다.

[문제]
1) 기업은 고객 중심의 데이터를 분석하고자 한다.
2) 하지만 뱅킹 시스템은 계좌단위 업무처리를 수행하기 때문에 고객단위 분석의 어려움을 가지고 있다(한 명의 고객이 여러 개의 계좌관리).
3) 본 프로젝트에서 고객이라는 주제를 중심으로 통합된 ER 모델 만들어 데이터 웨어하우스를 구축하려고 한다.

* 테이블의 칼럼은 임의로 추가해서 접근해도 좋음 | | |
| 카테고리 | 데이터베이스 〉 데이터 웨어하우징 | 난이도 | 상 |

[문제풀이]

1. 계좌단위 구성에 따른 주제지향적 데이터 통합의 필요성

가. 현재 시스템 현황 및 문제점

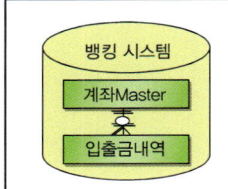
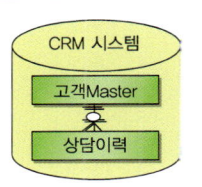

- 물리적 분산에 따른 데이터 흐름 단절
- 고객관점의 데이터 분석 불가능
- 실시간 데이터 통합 및 통합 고객정보 관리 불가능

나. 주제지향 데이터 통합과 현 시스템 간의 차이점

구 분	현재 시스템	주제지향 통합
고객관리	계좌단위, 고객단위	통합된 고객단위 관리
물리적 구조 종속성	물리적 구조 종속	물리적 구조 독립
업무관계	단위 업무중심 데이터	전체 업무중심 데이터
데이터 흐름	데이터 간의 단절	데이터 간의 연결

- 위의 문제를 해결하기 위해서 고객이라는 주제단위 통합이 필요함

2. 주제지향적 데이터 통합의 의미와 방법
가. 주제지향적 데이터 통합과 데이터 웨어하우스의 의미

주제지향적	분석하고자 하는 관점으로 데이터의 표준, 흐름, 관계를 통합
통합적	데이터 표준 정의, 데이터 표준 적용 및 지속적 관리
시계열적	이력관리, 데이터에 대한 모든 히스토리 관리
읽기전용	데이터 웨어하우스의 데이터는 읽기전용의 특성을 가짐

나. 주제지향적 데이터베이스 통합 방법

통합 단계	활 동	주요 산출물
DW목적 및 사용현황	− DW구축목적, 사용 방법, 사용자 분류 및 용도 − 사용자별 사용율 및 업무와 관계 정의	설문조사, 사용현황분석서
현황파악 및 문제점 파악	− 시스템, 데이터 모델 현구조 파악 및 문제점 − 데이터 구조, 흐름, 표준, 관리 및 활용 문제점	현시스템 분석서
DW 분석/설계	− 데이터 표준, 추출 데이터 범위/방법 정의(ETL) − 주제별 통합된 ER 도델, 접근방법/보안 정의	통합 ERD, ETL 정의
데이터 마트	− FACT/DIM ERD, 정형 및 비정형 보고서	마트 ERD, UI

− DW 구축 및 ETL 파일럿 수행, 사용자 관점 테스트 수행

3. 주제지향적 데이터 통합의 세부방법

가. 물리적 관점의 기술 아키텍처

기술 아키텍처	활 동	주요 산출물
ETL 수행	− CRM, 뱅킹시스템에서 실시간 데이터는 CDC − 배치성 데이터는 ETL TOOL을 통한 배치 수행	배치프로세스 설계서
통합 ERD 작성	− CRM과 뱅킹 데이터를 고객 중심의 통합 ERD 작성 − 분석관점에 따른 다차원(스타, 스노우플레이크) 모델	통합 ERD 및 DM ERD
ODS	− CRM과 뱅킹 시스템의 성능 저하를 방지하기 위해서 데이터 Replication 수행 후 데이터 정제 수행	ODS ER모델
OLAP	− 통합 ERD 및 DM ERD어서 사용자가 조회하는 방식결정 − 관계형 DB기반의 ROLAP 및 큐브 중심의 MOLAP	보고서 형태
DBMS	− 통합 DB 혹은 분산형 DB − Shared Architecture 혹은 Shared Nothing 결정	DBMS 구조
백업/복구	− VTL, Replication, CCP, BCV, Tape과 같은 백업방법	백업/복구계흥

나. 데이터 모델관점에서 고객중심 데이터 통합

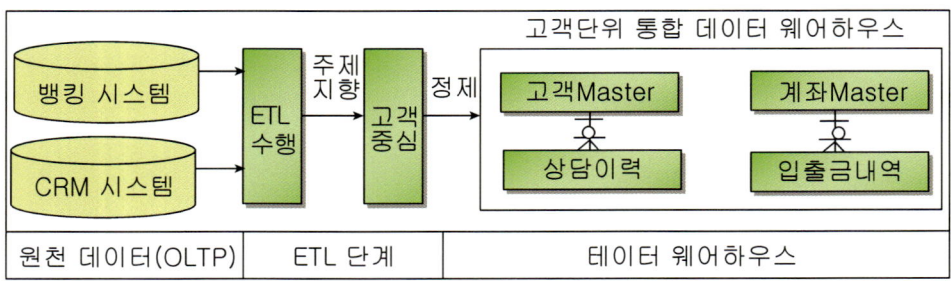

다. 데이터 통합에서 인프라 관점의 활동

　1) 데이터 표준: 데이터 단어 사전, 표준코드, 표준 용어사전, 표준 도메인 사전, 데이터표준요소

　2) 메타 데이터 및 데이터 품질: 사용자관점의 업무적 및 관리자 관점의 기술적 메타 데이터, 업무규칙 정의 및 위배 데이터 관리(DQMS)

　3) 데이터 관리 조직: 데이터 추출부터 통합 모델 및 데이터 활동 관점에서의 데이터 관리조직 구성 및 책임과 역할

　4) 인프라 관리: 스토리지 용량, 서버 tpmC, 네트워크 대역폭, 소프트웨어 라이선스

4. 통합된 데이터 웨어하우스 구축 시에 고려사항

가. 대용량 데이터 관리 고려한 설계

　– 데이터 웨어하우스는 Tera Byte급의 대용량 데이터를 처리하므로 데이터 추출에서 정제, 활용관점에서 성능을 고려

　– 또한 대용량 데이터 백업과 복구, 스토리지 용량관리와 비용관리가 필요

나. 데이터 표준 및 통합 모델

　– 대규모의 통합된 ER 모델에서 표준준수 및 통합된 모델관리 필요

　– 메타 데이터 및 데이터 품질관리를 통한 데이터의 유용성 확보

다. 사용자 관점의 시스템 구축

　– 사용자의 업무파악, 업무활용 방법 및 사용자가 바로 본 데이터 웨어하우스의 기능을 정의

　– 사용자의 활용율을 높일 수 있는 접근방법이 중요

'끝'

문제〉	데이터 표준화		
카테고리	데이터베이스 〉 데이터 웨어하우징 〉 표준화	난이도	하

[문제풀이]

1. 시스템별로 산재되어 있는 표준 제시 데이터 표준 개요

가. 데이터 표준화 정의

　– 데이터 정보요소에 대한 명칭, 정의, 형식, 규칙에 대한 원칙을 수립하여 전사적으로 적용

나. 데이터 표준화 역할

　– 데이터에 대한 정확한 의미 파악

　– 데이터에 대한 상반된 시작을 조정

2. 데이터 표준화 구성요소

가. 데이터 표준화 구성요소

　1) 데이터 표준: 표준용어, 표준단어, 표준 도메인, 표준코드

2) 데이터 표준 관리 조직: 데이터 관리자(DA), 데이터 정의, 체계화, 감독 및 보안 업무 수행
3) 데이터 표준화 절차: 표준 요구사항 수집, 데이터 표준 정의, 데이터 표준 확정, 데이터 표준관리
4) 데이터 표준 관리 시스템: 단어, 용어, 도메인, 표준코드 관리하기 위한 저장소

나. 데이터 표준 대상

표준 대상	주요 내용
데이터 명칭	유일성(통일된 용어), 업무적 관점의 보편성(업무용어), 의미 전달의 충분성
데이터 정의	해당 데이터가 의미하는 범위와 자격요건 규정, 데이터 소유자 결정 기준
데이터 규칙	기본값, 허용값, 허용범위
데이터 형식	데이터 입력오류와 통제위험을 최소화 역할, 데이터 타입, 길이, 소수점 자리

3. 데이터 표준을 수행하기 위한 주요활동

구 분	주요 내용
전사 데이터 관리자	– 데이터 표준 정책 결정, 검토된 데이터 표준 승인
업무 데이터 관리자	– 담당 업무기능의 데이터 요구사항 반영을 위해서 필요한 데이터 표준 정의 – 업무 관련 데이터 표준 변경 제안에 대한 합동 검토
업무 시스템 데이터 관리자	– 시스템 관리 목적의 데이터 요구사항을 위해 필요한 데이터 표준 정의 – 업무 관련 데이터 표준 변경 제안에 대한 합동 검토 – 데이터 모델에 대한 데이터 표준 적용 및 준수 여부 체크

"끝"

2 ETT(Extraction, Transformation, Transportation)

데이터 웨어하우스 부분에서 설명했듯이 ETT는 기업의 내부 및 외부 데이터를 추출하여 정제 후에 데이터 웨어하우스에 적재하는 과정을 의미한다. 데이터 웨어하우스 구축에 있어서 ETT는 가장 중요한 부분이다. 왜냐하면 아무리 좋은 IT 자원을 구축한다고 하더라도 쓰레기가 들어가면 쓰레기가 나오기 때문이다.

그러므로 데이터 웨어하우스 구축에 있어서 데이터의 정제는 데이터 웨어하우스의 핵심이라고 할 수 있다.

그럼 ETT 과정에는 어떤 작업이 있는지 알아보자. 우선 데이터의 추출(Extraction)이다.

기업의 원천 데이터에서 데이터 웨어하우스에 적재 될 원천 데이터를 식별하고 원천 데이터의 상태를 분석하는 과정이다. 즉, 전체 통합관점에서 생각 해 보았을 때 데이터 표준화 및 무결성 등을 고려하여 데이터를 추출하는 작업이다.

[그림 32] ETT의 개념도

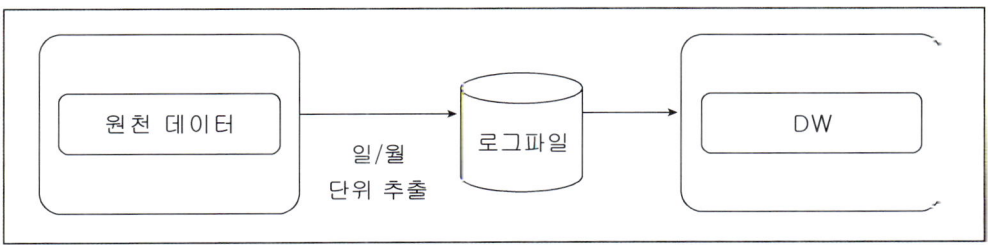

데이터 추출 방법은 크게 두 가지 방법으로 생각해 볼 수가 있다. 즉, 원천 데이터에서 로그파일에 데이터를 추출하는 방법과 EAI(Enterprise Application Integration) 개념을 도입하여 데이터 웨어하우스와 원천 데이터를 저장하고 있는 시스템을 직접 연결하여 추출할 수도 있다.

또한 원천 데이터 추출 시점도 고려하야 한다. 물론 원천 데이터의 삽입, 삭제, 수정이 발생하면 즉시 추출을 수행하면 좋겠지만 그것은 운영계 시스템에 많은 부하를 줄 수 있다(물론 최근에 이러한 개념을 도입한 Real Time Data warehouse가 출현). 그러므로 데이터의 추출은 야간 배치작업에서 일 단위로 처리하거나 혹은 월 단위로 처리할 수가 있을 것이다.

또한 모든 데이터를 일 단위, 월 단위로 결정하여 추출하는 것이 아니라 데이터의 특성에 따라 어떤 데이터는 일단위로 추출하고 또 어떤 데이터는 월 단위 혹은 반기 단위 등으로 추출 할 수가 있을 것이다. ETT에서 추출 작업은 추출 방법 및 추출 주기를 결정해야 한다.

원천 데이터 추출이 완료되면 ETT 정제(Cleansing) 작업을 수행한다. 정제작업이 바로 ETT의 핵심인 것이다. 정제를 통하여 데이터의 품질을 향상시킬 수 있으며 정제수준은 칼럼 수준의 정제와 레코드 수준의 정제로 나눌 수가 있다.

칼럼 수준의 정제는 영역 무결성을 확인하고 칼럼명을 표준화 등의 작업을 수행하며 레코드 수준의 정제는 선택, 조인, 집단화 등의 작업을 수행하는 것이다. 이러한 작업을 통하여 데이터 웨어하우스에 적재될 데이터의 품질을 높이는 것이다.

데이터 정제가 완료되면 데이터 웨어하우스에 데이터 적재(Transportation) 작업을 수행한다. 데이터 웨어하우스에 데이터를 갱신하는 방법은 2가지로 나누어 생각할 수 있다.

즉, 데이터 적재 시에 전체를 대상으로 하는 전체갱신과 특정 부분에 대해서 적재를 수행하는 부분갱신이 있다. 데이터 웨어하우스의 적재 작업은 대용량의 데이터를 데이터 웨어하우스에 적재시키므로 성능측면도 같이 고려되어야 한다.

〈표 35〉 데이터 웨어하우스 ETT 구축절차

구축 절차	주요 내용
ETT 프로세스 수립	– ETT 절차에 대해서 전체적인 프로세스를 수립 – ODS(Operational Data Store) 도입 여부를 결정 – 데이터 추출 주기 결정
ETT 방법 결정	– ETT 작업을 어떠한 방법으로 수행할지를 결정 – ETT 솔루션들 도입 여부 및 ETT 애플리케이션 개발 여부
데이터 정제 방안	– 데이터의 정제를 위한 계획을 수립하고 구체적인 방안을 명시
메타 데이터	– 원천 데이터 및 향후 데이터 웨어하우스에 적재 될 데이터에 대한 메타 데이터를 정보를 구축
ETT 구축	– ETT 솔루션, ETT 애플리케이션 및 ODS를 구축 – ETT를 수행

다음으로 ETT 솔루션과 ETT 애플리케이션 구축 및 도입 시에 고려해야 될 내용을 생각 해 보자.

1) ETT 솔루션과 ETT 애플리케이션 구축 및 도입 시 고려사항

(1) 이기종 데이터베이스 관리 시스템 연동

– 기업에는 여러 종류의 시스템에 있으며 각 시스템에는 동일한 벤더의 데이터베이스
관리 시스템만이 존재하는 것이 아니다. 그러므로 이러한 이 기종 데이터베이스 관
리 시스템을 모두 연동할 수 있어야 한다. 만약 이런 기능이 없다면 각 데이터베이스

관리 시스템 별로 ETT를 다르게 해야 할 것이다.

(2) 데이터 추출 성능

- 데이터 웨어하우스에 적재되는 데이터량은 대용량의 데이터이다. 그러므로 ETT 솔루션의 성능이 보장되어야 한다. 물론 ETT작업은 대부분은 야간에 이루어지지만 24시간 서비스를 지향하는 기업에서 ETT로 인한 서비스 지연이나 너무 많은 시간을 ETT에 허용할 수가 없기 때문이다.

(3) 스케줄링 기능 및 오류보고

- ETT 작업을 자동으로 설정하고 자동으로 기동하며 종료되는 기능이 필요하다. 이것은 관리의 편리성 때문이다. 또한 오류 발생 시에 관리자에게 통보 할 수 있는 기능도 있어야 할 것이다.
- 이러한 관리 용이성도 ETT 솔루션 선정 시에 중요한 요소이다.

(4) 코드변환 및 인식

- ASC II 코드, UNICODE 등의 다양한 코드를 식별하고 변환이 가능해야 한다. 그래야 다양한 데이터 값을 처리할 수가 있을 것이다.

(5) 배치처리의 용이성

- 일괄배치 작업 수행의 편리성 및 관리의 용이성을 확인해야 한다.

문제〉	ETT		
카테고리	데이터베이스 〉 데이터 웨어하우징 〉 ETT기법	난이도	중

[문제풀이]

1. 통합 데이터 구축을 위한 자료처리 기술 ETT의 개요

가. ETT(Extraction Transformation Transportation)의 정의

- 통합 데이터베이스 구축을 위해 파일, 로그, XML, 업무 데이터베이스 등의 다양한 원천데이터로부터 데이터를 추출하고, 정제하여 목표 시스템에 적재하는 프로세스

나. ETT의 유형

- 온라인 방식: 대상 시스템 및 데이터베이스에 직접 연결을 통합 적재
- 오프라인 방식: 운영 시스템에서 로그형태로 데이터를 생성 후 적재 수행

2. ETT의 주요기능 및 데이터 수집 방식 간의 비교

가. ETT의 주요기능

1) 추출(Extraction): 파일, 로그, DB로부터 데이터를 수집
2) 변환(Transformation): 데이터 표준화, 칼럼표준, 무결성 등을 통한 정제
3) 전송(Transportation): 변환된 데이터를 목표 시스템에 적재

나. 데이터 수집 방식 간의 비교

구 분	애플리케이션	미들웨어	ETT
대상체계	소규모 시스템	이 기종 시스템	대용량 통합 시스템
장 점	간단하고 명확한 구현, 보안 및 특화업무	범용적, 확장기능, 다양한 애플리케이션 연동	고성능, 대상 시스템 및 체계 다양
단 점	유지보수의 어려움, 업무변경 시 수정	저속, 비용과다	애플리케이션 연동이 어려움

3. 데이터 통합의 현황 및 ETT 활용방안

가. 기업의 서비스에 대한 정확한 측정과 이에 따른 성과 판단을 위한 장애, 성능, 이벤트 등의 데이터 구축이 필요하고 이를 구현하기 위하여 활용

나. 데이터 통합을 위한 전사 메타 데이터 구축이 필요하고, 대상 시스템의 부하를 최소화해야 하며 사용자의 개입을 최소화 하기 위한 변환 룰을 충분히 고려

"끝"

3 메타 데이터(Meta Data)

1) 메타 데이터 개요

메타 데이터는 데이터에 대한 데이터이다. 즉, 데이터에 대한 의미가 무엇인지를 설명하는 데이터이다. 데이터 웨어하우스는 대량의 테이블 및 칼럼에 비즈니스 정보를 가지고 있다. 또한 데이터에 적재되는 원천 데이터에 대한 정보도 필요하다. 이러한 데이터를 효과적으로 관리 하기 위해서는 데이터에 대한 정보를 관리하는 메타 데이터는 필수적인 요소이다.

데이터 웨어하우스의 메타 데이터의 기능에 대해서는 데이터 웨어하우스 장을 참조하기 바란다.

그럼 데이터 웨어하우스에서 이야기한 운영 메타 데이터와 활용 메타 데이터가 어떤 차이가 있는지 알아보자(본 장은 데이터 위어하우스의 구성요소 중에서 메타 데이터 부분을 참조).

〈표 36〉 데이터 웨어하우스의 메타 데이터의 종류

구 분	운영 메타 데이터	활용 메타 데이터
역 할	– 데이터 웨어하우스 구축 (추출, 정제, 적재)	– 데이터 웨어하우스 활용 (분석, 다차원 조회)
사용자	– 개발자, 운영자	– 운영자, 최종 사용자
정 보	– 운영 시스템의 데이터 웨어하우스 구축 정보	– 데이터 웨어하우스 자체의 관리정보와 사용자 지원 정보
예 제	– 찾고자 하는 데이터의 원천 데이터의 서버, 데이터베이스, 테이블, 칼럼 및 사용 애플리케이션 정보	– 찾고자 하는 정보의 업무정의, 절차 등의 업무관련 정보

그렇다면 이러한 메타 데이터를 구축해서 얻을 수 있는 효과에 대해서 생각해 보자. 우선 기술적인 관점과 사업적인 관점으로 분류해서 생각해 본다.

기술적인 관점에서는 메타 데이터에 대한 정의 및 데이터 관계정보 제공을 통한 활용이 확대 될 것이다. 또한 데이터 맵 등을 제공하여 편리성이 증대되고 데이터 웨어하우스의 변경 발생 시에 업무영역 분석 및 변경으로 인한 영향도 파악이 보다 쉽게 이루어질 수 있다.

사업적인 관점에서는 사용자는 자신이 필요로 하는 데이터를 자신이 직접 찾을 수가 있으며 주제영역별 데이터를 다양하게 조회하는 것이 가능하므로 업무흐름 이해에 도움이 될 것이다.

결론적으로 데이터 웨어하우스에서의 메타 데이터는 원천 데이터의 생성부터 추출, 정제, 적재 그리고 데이터 웨어하우스 내의 데이터에 대한 추적관리가 가능하고 이러한 관리는 기술적인 관리부분과 사업적인 관리 모두를 가능하게 한다.

문제〉	기업에서 데이터의 품질을 확보하기 위한 '데이터 품질 관리'에 대해 다음 물음에 답하시오. (1) 데이터 품질 관리의 개념과 장단점을 설명하시오. (2) 관리 대상 및 관리 조직을 기본 축으로 하는 데이터 품질 관리 프레임워크를 설명하시오. (3) 관리 조직의 역할을 설명하시오.		
카테고리	데이터베이스 〉 데이터 품질	난이도	상

[문제풀이]

1. 기업의 데이터 품질 확보 방안 데이터 품질관리(Quality Management)의 개념

　가. 데이터 품질관리의 정의

　　– 기업 내외부의 정보시스템 및 데이터베이스 사용자의 기대를 만족하기 위해 지속적으로 수행하는 데이터 관리 및 개선활동

　　– 데이터 간 정합성, 데이터의 활용도, 데이터 표준 수립, 데이터 관리 업무 수행 등을 수행하여 데이터의 완전성, 유효성, 정확성, 일관성, 명확성을 향상시키는 활동

　　– 품질관리 절차 : 데이터 품질관리 항목 선정 ⋯▶ 데이터 품질 측정 ⋯▶ 데이터 품질 개선 활동 ⋯▶ 개선결과 반영

나. 데이터 품질관리의 장단점

장 점	단 점
– 부분별 업무별 정보시스템의 데이터 중복성, 불일치성 문제 해결 – 외부시스템과의 연계 유지 – 데이터 표준 및 일관성 유지 – 데이터 관리 업무 규칙 정립	– 대상범위의 선정 어려움, 이해 당사자 간의 목표의 상충 – 복잡한 업무관계별 품질 향상의 한계 – 데이터 생성(입력), 활용 조직간의 갈등요인으로 작용 – 기술 전문가 부재로 솔루션 의존도 증가

2. 관리대상 및 관리조직을 기본축으로 하는 데이터 품질관리 프레임워크

– 품질관리 대상이 되는 구성요소와 요소들 간의 관계를 정의한 데이터 품질관리 기본개념 틀

가. 데이터 품질관리 대상의 3가지 관점

1) 데이터 값 : 현상적 값, 구조적 값

2) 데이터 구조 : 각 단계별, 각 조직 단위별 데이터 구조

3) 데이터 관리 프로세스 : 데이터 정의, 데이터 변경, 데이터 평가

나. 데이터 품질관리 프레임워크

대상 조직	관점	데이터 값	데이터 구조	데이터 관리 프로세스
CIO/EDA	개괄적 관점	데이터 관리 정책(비전, 목표)		
DA (데이터 아키텍트)	개념적 관점	표준데이터 단어, 도메인, 용어	개념데이터 모델, 데이터참조 모델	데이터 표준관리, 요구사항관리
Modeler	논리적 관점	모델데이터 메타, 인스턴스	논리데이터 모델, 주제, 엔티티, 관계	데이터 모델 관리 데이터 흐름 관리
DBA	물리적 관점	관리데이터 장애, 성능, 흐름	물리데이터 모델, 데이터베이스	DB 관리, DB 보안 관리

대상 조직	관점	데이터 값	데이터 구조	데이터 관리 프로세스
User	운용적 관점	업무데이터 원칙, 운영	사용자 view	데이터 활용 관리

3. 데이터 품질관리 조직의 역할

조 직	역 할
CIO	- 데이터 관리 총괄, 정책 수립, 지원마련 - 데이터관리자 간 이슈사항 조정
DA	- 표준개발, 형상관리, 검증, 표준화 절차 수립 및 운영 - 전사 데이터 모델 통합, 데이터 요구사항 정리 - 기능별 데이터 관리자 지원
모델러	- 해당 기능영역 데이터 요구, 이슈의 조정 통합 - 기능영역 비즈니스 요건 기반 모델링, 표준확인 적용
DBA	- 데이터베이스 설계, 데이터 형상관리, 모니터링, 튜닝, 보안관리
사용자	- 데이터 소스, 운영 데이터, 분석 데이터 활용 - 데이터 추가 요건 요청, 데이터 활용

4. 성공적인 데이터 품질관리를 위한 고려사항

가. 데이터 기여도와 품질 관리 난이도를 분석해 확실한 비즈니스 효과를 볼 수 있는 부분을 선정해 성공 사례를 만듦

나. 데이터 품질 관리는 시간과 자원, 즉 비용이 드는 프로젝트임을 공감 저품질 데이터로 인해 야기되는 비용을 구체적으로 제시하기 위한 노력이 필요

다. IT 부서와 비즈니스 부서를 함께 프로젝트에 참여시키고 CIO 이상의 고위관계자 지원 획득

라. 데이터 품질은 물론 데이터 아키텍처, 데이터베이스 전문 인력과 함께 프로젝트를 수행 Coaching 기법을 통한 내부 조직의 역량 강화

마. 검증된 방법론과 솔루션을 활용을 적극 검토하되 자체 개발 비용과의 비교를 틈해 자신의 조직에 적합한 품질 관리 방법을 적용

바. 데이터 품질 관리를 위한 공식적인 조직과 절차를 구현, 지속적으로 품질 관리활 동을 수행

사. 데이터 품질 관리 성과지표를 설정하고 ROI를 측정

"끝"

문제〉	데이터 품질관리 성숙모형인 DQM3에 대해 설명하시오.		
카테고리	데이터베이스 〉 데이터품질 〉 DQM	문제유형	국내제정표준

[문제풀이]

1. 데이터 품질향상을 위한 지침을 제공하는 DQM3의 개요

가. DQM3 (Data Quality Management Maturity Model)의 정의

- 조직의 현재 데이터 품질관리 수준을 진단하고 데이터 품질 향상을 위해 도입해야 할 개선 과제 및 방안을 단계적, 체계적으로 제시하기 위해 국내에서 개발된 데이 터 품질관리 프로세스의 수준을 평가하는 모형

나. DQM3의 특징

- 데이터 품질 관리를 위한 가이드라인 제공
- 데이터 품질 기준과 품질 관리 프로세스, 성숙 수준으로 구성
- 데이터 품질 수준의 측정과 개선탕향의 제시
- 조직에 따른 선별적 적용 가능한 구조

2. DQM3의 구성 요소와 활용 방법

가. DQM3의 구성요소

구성 요소	내 용	구성 정의
데이터 품질 기준	– 시각에 따라 다양하게 존재하는 데이터 품질기준을 유형화해서 정의	– 유효성 – 정확성, 일관성, – 활용성 – 유용성, 접근성, 적시성, 보안성
데이터 품질 관리 프로세스	– 각 기준별로 품질을 향상시키는데 필수적인 데이터 관리 프로세스를 식별/정의	– 요구사항 관리, 데이터 구조 관리 – 데이터 흐름 관리, 데이터베이스 관리 – 데이터 활용 관리, 데이터 표준 관리 – 데이터 오너십 관리, 사용자 뷰 관리
데이터 품질 관리 성숙 수준	– 각 기준별 데이터 관리 성숙 수준을 측정	– 도입– 정형화– 통합화– 정량화– 최적화

3. DQM3의 활용 방법

가. DQM3의 활용 방법

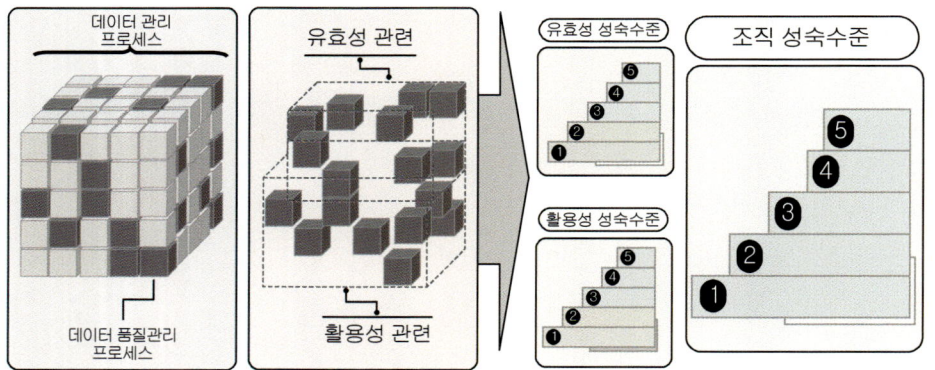

 – 품질 기준별로 관련 프로세스의 품질관리 수준을 점검하여 성숙수준을 측정

- 특정 품질 기준을 향상시키기 위한 개선 프로세스 도출
- 특정 프로세스를 도입했을 때의 가시적인 데이터 품질 개선 효과 예측

나. DQM3의 현황

- 데이터베이스 품질 관리를 위한 활용이 증가 중
- 데이터 품질관리 인증 센터에서의 인증을 위한 모델로 사용
- ISO 8000 데이터 품질 표준의 규격으로 채택됨으로 국내 기술의 수출이 가능

'끝"

4 OLAP(Online Analytical Processing)

1) OLAP의 주요 기능

OLAP은 데이터 웨어하우스의 데이터를 활용하여 고객이 사업적인 목적으로 데이터를 분석하여 정보를 획득할 수 있는 솔루션으로 다차원 분석, 직접접근, 대화식 분석, 의사결정에 활용할 수 있다.

다차원 분석이라는 것은 사용자들이 보고 싶은 차원으로 데이터를 접근하여 분석할 수 있는 것이다. 직접접근이란 고객이 IT부서의 개입 없이 직접 사용하여 자신이 원하는 분석을 할 수 있다라는 뜻이고 대화식 분석이라는 것은 고객 중심의 편리한 인터페이스로 인하여 시스템과 상호작용을 통해서 사용 할 수 있다. 이러한 기능을 통해서 고객은 사업적인 목적을 만족하기 위해 OLAP를 활용하고 의사결정에 활용 할 수가 있다.

OLAP에서는 분석하고자 하는 대상을 큐브(CUBE)방식으로 표현한다. 큐브방식의 표현은 아래와 같다.

[그림 33] 큐브의 개념도

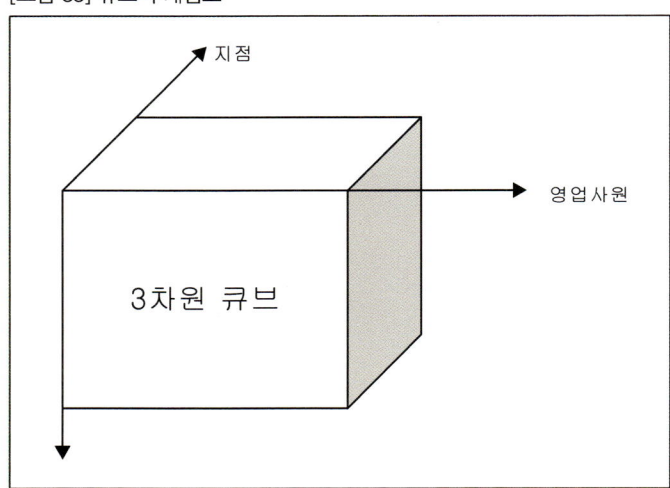

위의 3차원 큐브에서 지점, 매출(변수: 분석하고자 하는 대상), 영업사원 이라는 것을 차원이라고 하며 매출은 분석대상이 되는 것이다. 큐브 표현방식에서 차원은 분석하고자 하는 관점이 늘어나면 차원을 증가하여 4, 5차원으로도 증가가 가능하다. 큐브는 데이터를 논리적으로 표현하는 방식에 따라 멀티 큐브와 하이퍼 큐브로 나눌 수가 있으며 멀티 큐브는 하나의 큐브에 하나의 모델에 여러 개의 큐브를 구성하고 하이퍼 큐브는 하나의 모델에 하나의 큐브를 구성한다.

그럼, OLAP이 고객에게 어떤 것을 제동 해 줄 수 있는지 생각 해 볼 필요가 있다. 기능이 명확하다면 OLAP이 어떻게 비즈니스에 사용 될 수 있는지 알 수 있을 것이다. OLAP의 기능은 다음과 같다.

첫 번째, 슬라이싱(Slicing)과 다이싱(Dicing) 기능이다.

[그림 34] 슬라이싱과 다이싱

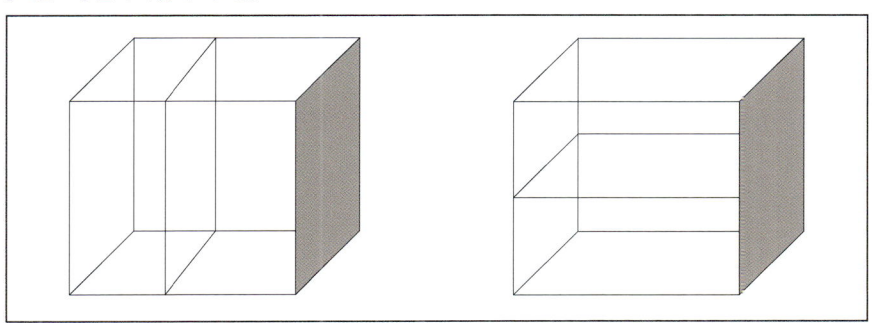

위의 그림은 슬라이싱과 다이싱을 한 결과이다. 큐브에서 분석하고자 하는 대상이 되는 변수(예: 매출)를 대상으로 각 차원 별로 데이터를 잘라서 분석을 수행한다.

예를 들어 위의 예처럼 3차원 큐브를 슬라이싱과 다이싱을 하면 아래와 같은 데이터를 얻을 수가 있다.

〈표 37〉 OLAP의 슬라이싱과 다이싱

압구정 지점	임호진	구은경	임준혁	임서연
매출액	1억	8천	1억 5천	1억 5천

두 번째, OLAP의 핵심기능인 피벗(Pivot)기능이다. 즉 피벗 기능은 특정형식에 구애
받지 않고 자유롭게 차원을 변경하여 데이터를 분석할 수 있다.

이러한 피벗 기능은 기업에서 흔히 사용하는 엑셀이라는 소프트웨어에도 기능이 있으
며 OLAP의 기능과 동일하다.

이렇게 피벗 기능을 통하여 좀 더 다양한 관점으로 데이터 분석이 가능하다.

[그림 35] Pivoting

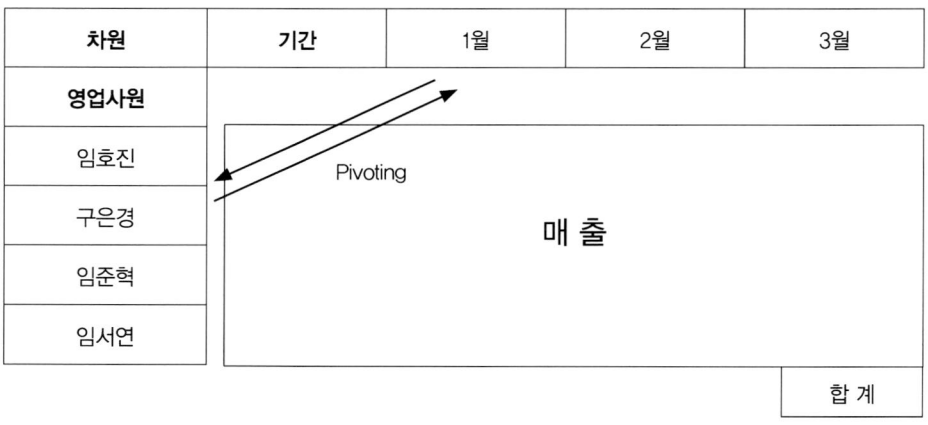

위와 같이 피벗 기능은 고객이 보고 싶은 관점에 따라 조회 할 수 있다. 또한 소 그룹
집계 혹은 전체집계와 같은 기능은 OLAP의 기능이다.

세 번째, 드릴 다운(Drill- Down), 드릴 업(Drill- Up), 드릴 어크로스(Drill- Across),

드릴 스루(Drill- Through)라는 기능이 있다.

　드릴 다운은 요약 데이터에서 구체적인 상세 데이터를 조회하고 드릴 업은 상세 데이터에서 요약 데이터를 조회 하는 기능이다.

　드릴 어크로스는 큐브 간의 상호접근을 의미하고 드릴 스루는 데이터 조회를 위해서 데이터 웨어하우스나 OLTP 시스템 접근 하는 것을 의미한다.

　네 번째, 분석된 데이터를 보고서 형태로 출력하거나 혹은 그래프 형태로 가시화 하는 기능이 필요 할 것이다. 그래서 데이터 분석 된 결과로 기업 내부에서 보고 및 분석을 보다 효과적으로 할 수 있을 것이다.

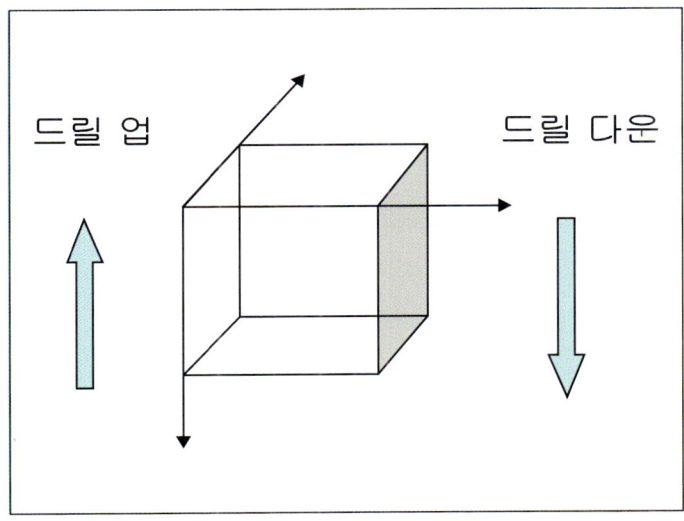

[그림 36] OLAP의 가시화 기능

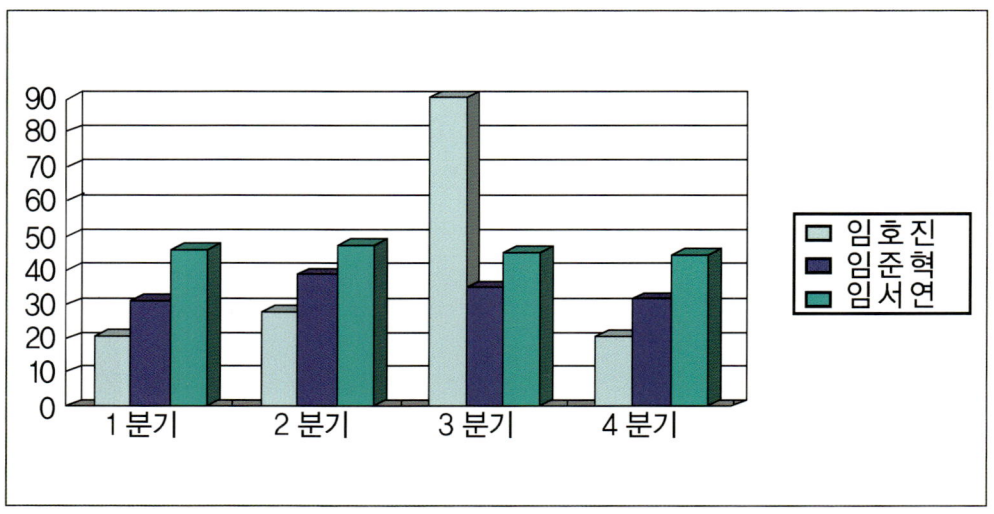

지금까지 OLAP의 기능에 대해서 알아 보았다. 그럼 이제는 OLAP의 종류에 대해서 알아보자. OLAP의 종류는 DOLAP, HOLAP, ROLAP, MOLAP 등이 있다. DOLAP은 데이터를 PC로 내려서 PC 내에서 OLAP을 수행하는 것을 의미하고 HOLAP은 ROLAP과 MOLAP의 장점을 결합한 것이다.

그러므로 ROLAP과 MOLAP에 대한 충분한 이해가 있으면 모두 이해할 수가 있다.

2) ROLAP(Relation Online Analytical Processing)

ROLAP은 관계형 데이터베이스를 기반으로 다차원 모델을 통하여 다차원 분석을 할 수 있는 솔루션이다. 대부분의 관계형 데이터베이스는 디스크를 기반으로 하고 ROLAP도 디스크를 기반으로 하는 관계형 데이터베이스를 기반으로 한다. 이러한 관점에서 생각해 보았을 때 ROLAP은 관계형 데이터베이스를 기반으로 하므로 SQL를 통해 데이터를 즈회하고 분석 할 수가 있으며 저가의 디스크에 대용량의 데이터를 관리 할 수가 있다. 또한 관계형 데이터 베이스에 데이터 적재를 빠르게 수행할 수가 있다.

ROLAP의 문제점으로 생각 해 볼 수 있는 것은 ROLAP은 SQL를 통해서 분석하기 때문에 복잡한 조회처리가 어려우며 복잡한 회계연산은 불가능하다.

또한 ROLAP을 통한 데이터분석은 데이터 모델러가 데이터 웨어하우스에 다차원 모델을 구축하고 SQL를 활용하여 분석 할 스도 있다. 또한 ROLAP의 구축도 데이터 웨어하우스 내에 구축 할 수도 있으며 ROLAP 서버를 분리하여 독립적인 ROLAP 서버를 구축할 수도 있다.

그리고 ROLAP의 구성은 다음과 같다.

[그림 37] ROLAP의 구성도

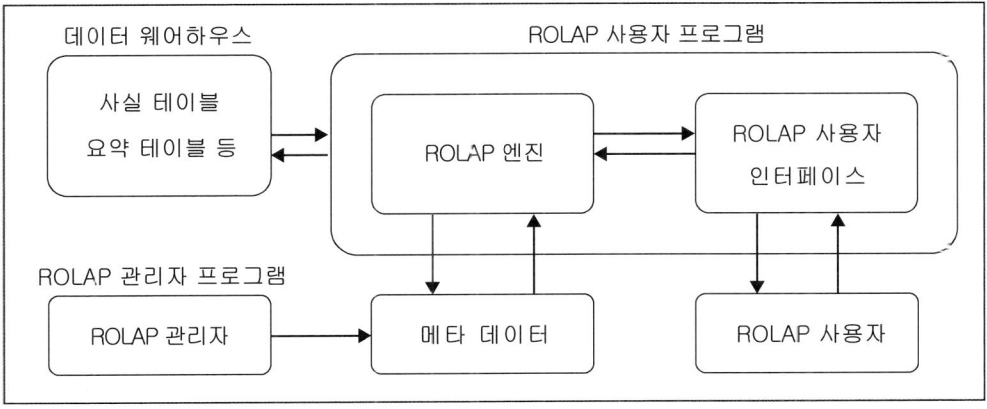

ROLAP의 구성은 ROLAP 엔진과 사용자와 인터페이스를 하는 인터페이스 부분 그리고 데이터의 대한 정보를 가지고 있는 메타 데이터 및 관리자 프로그램으로 이루어진다.

3) MOLAP(Multidimensional Online Analytical Processing)

MOLAP은 ROLAP과는 달리 메모리에 큐브 캐시(Cube Cache)라는 메모리 공간에 데이터를 보관하고 분석을 수행한다. 그러므로 MOLAP은 메모리가 가지고 있는 모든 장점과 단점을 모두 가지고 있다. 즉, 메모리를 기반으로 하기 때문에 고속 분석이 가능하지만 대용량 데이터 처리가 어렵다. 또한 SQL를 사용 할 수가 없다. 또한 원천 데이터에 대한 접근이 불가능 하며 오직 큐브에 정의된 것으로만 분석이 가능하다.

그리고 MOLAP의 구성은 다음과 같다.

[그림 38] MOLAP의 구성도

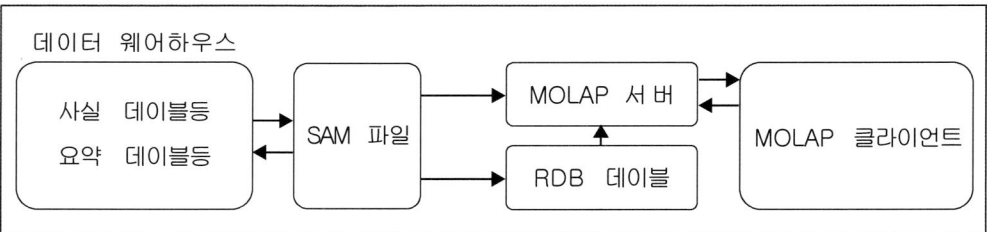

MOLAP은 SAM파일로 데이터를 추출하여 직접 MOLAP 서버에 적재 할 수도 있고 중간에 관계형 데이터베이스를 두어 관계형 데이터베이스에 적재 후에 MOLAP 서버에 적재할 수도 있다. 만약 관계형 데이터베이스에 적재 후 MOLAP 서버에 적재하는 경우 관계형 데이터베이스를 SQL로 분석하는 작업을 추가적으로 할 수가 있다. 즉, 이것을 이용하여 ROLAP과 MOLAP의 장점을 결합한 HOLAP을 사용할 수가 있다.

〈표 38〉 ROLAP과 MOLAP의 차이점

구분	ROLAP	MOLAP
데이터 구조	관계형 데이터베이스	다차원 데이터베이스
기본 스키마	스타 스키마	데이터 큐브
유연성	신규 차원의 추가가 간단	차원 추가 시 새로운 큐브 생성
속도	느림	고속
규모	대용량	소용량
원천 데이터 접근	가능	불가능
복잡한 질의	어려움	가능
회계연산	불가능	가능

이제 OLAP의 데이터 모델인 다차원 모델에 대해서 알아보자.

다차원 모델에는 스타 스키마(Star Schema)와 스노우플레이크(Snowflake Schema)가 존재한다. 스타 스키마는 사실(Fact) 테이블과 차원(Dimension) 테이블로 이루어진 간단한 구조이다. 스타 스키마의 사실 테이블은 분석이 되는 변수(예: 매출)을 가지고 있으며 분석의 대상이 되는 테이블이다. 차원 테이블은 분석되는 대상이 되는 사실 테이블을 바라보는 관점이라고 생각하면 된다.

즉, 앞의 예제에서 매출(변수), 지점, 영업사원의 경우에서 사실 테이블에 매출 데이터가 있고 지점과 영업사원이라는 차원 테이블이 존재하게 되는 것이다. 차원 테이블과 사실 테이블은 데이터 분석 시에 조인(JOIN)을 통하여 데이터를 분석하게 된다.

[그림 39] 스타 스키마

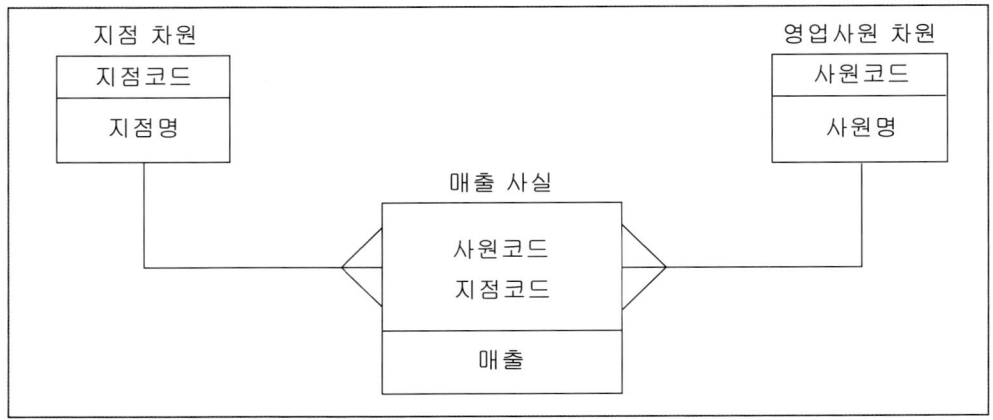

위의 예처럼 사실과 차원 테이블로 이루어진 구조가 스타 스키마이다. 차원 테이블의 기본키는 반드시 사실 테이블의 기본키에 포함해야 한다. 이렇게 되면 사실 테이블은 데이터의 중복을 허용하게 되고 차원 테이블이 분석하고자 하는 차원으로 분석이 가능하게 된다. 즉, 조인(JOIN)을 통하여 매출 사실 테이블과 영업사원 차원 테이블 그리고 지점 차원 테이블을 조인하여 데이터를 분석할 수가 있다.

스노우플레이크 스키마도 기본방식도 기본적인 방식은 스타 스키마와 비슷하다. 하지만 스노우플레이크는 차원 테이블에 대해서 제3정규화를 수행한다. 제3정규화는 엔티티에 대해서 이행함수 종속성을 제거한다. 즉 애트리뷰트 간의 종속 관계가 있으면 이것은 분해해야 한다는 것이다.

영업사원 차원

사원코드
사원명 제품코드 제품명

영업사원 차원 테이블의 예를 보면 애트리뷰트 내에 제품코드와 제품명이 존재한다. 그런데 제품명은 제품코드에 종속하게 되고 이러한 예가 바로 이행함수 종속성이다.

스노우플레이크는 이러한 이행함수 종속적을 분해하라는 것이다.

다음은 스노우플레이크의 예제이다.

[그림 40] 스노우플레이크

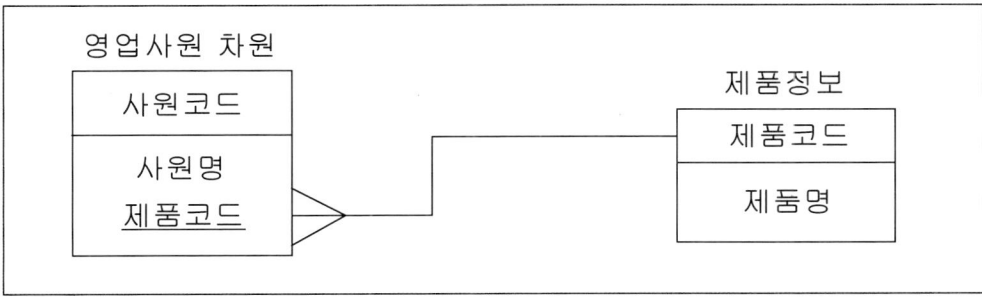

이제 스타 스키마와 스노우플레이크 스키마의 차이점을 분석해 보자.

우선 스타 스키마는 스노우플레이크에 비해 적은 조인으로 인한 성능이 향상된다.

하지만 사실 테이블에 대한 중복이 발생하여 데이터의 양이 증가하게 된다.

스노우플레이크는 차원 테이블을 정규화 하므로 조인이 많이 발생하므로 스타 스키마에 비해 조회 속도가 느려진다.

문제〉	OLAP		
카테고리	데이터베이스 〉 데이터 웨어하우징 〉 OLAP	난이도	하

[문제풀이]

1. 다차원 분석을 통한 합리적인 의사결정을 위한 OLAP의 개요

가. OLAP(Online Analytical Processing)의 정의

- 다차원 모델링을 사용하여 데이터를 다양한 차원으로 분석하여 효과적인 의사결정을 지원하는 사용자(현업) 중심의 데이터 분석 솔루션

나. 과거 정보시스템의 문제점과 OLAP의 출현배경
- 사용자 중심의 인터페이스를 통한 대화식 접근의 분석기능 요구
- IT부서를 배제하고 사용자가 직접 원하는 데이터를 분석할 수 있는 기능 요구

2. OLAP의 주요기능 및 OLAP의 종류

가. OLAP의 주요기능

1) Pivot: 차원 테이블의 차원을 변경하여 다양한 관점으로 분석 실행
2) Drill- Down, Drill- Up, Drill- Across, Drill- Through
3) Slicing과 Dicing: 큐브에서 차원별 데이터를 잘라서 분석 실행
4) 다양한 차트 및 보고서 기능

나. ROLAP과 MOLAP의 비교

구 분	ROLAP	MOLAP
데이터 구조	- 관계형 데이터베이스	- 다차원 데이터베이스
기본 스키마	- 스타 스키마	- 데이터 큐브
장 점	- 대용량 데이터, SQL지원 - 확장성 및 유연성 - 원천 데이터 접근가능	- 빠른 속도, 복잡한 질의 - 회계연산 가능
단 점	- 저속, 복잡한 질의 및 회계연산의 불가능	- SQL 미사용, 원천 데이터에 접근불가, 소용량

3. OLAP의 활용분야 및 현황

가. 판매분석, 지점별 영업이익 분서, 고객분포 분석, 과거 데이터를 기반으로 한 과거 데이터의 특성을 파악하고 의사결정에 활용

나. 최근 BSC의 KPI 분석 및 BI의 핵심기술로서 기업의 미래 예측을 위한 기본 인프
라로 부각되고 있음

'끝"

문제〉	HOLAP(Hybrid Online Analytical Processing)의 특징을 설명하시오.		
카테고리	데이터베이스 〉 데이터 웨어하우징 〉 OLAP	난이도	중

[문제풀이]

1. 저장능력과 처리능력의 결합 HOLAP의 개요

가. HOLAP(Hybrid OnLine Analytical Processing)의 정의

 – ROLAP과 MOLAP의 장점을 통합하여 ROLAP의 대용량의 데이터 저장능력과
MOLAP의 처리능력을 채용한 온라인 분석 처리 프로세스 방식

나. 기존 분석 방식의 문제점

 – ROLAP: 복잡한 비즈니스 로직을 반영하기 어려움, 다차원 연산기능 부족

 – MOLAP: 대용량의 데이터 처리 능력 부족, 원천 데이터 추적이 어려움

  → 두 가지 방식이 가지는 문제점을 보완하고자 탄생한 것이 HOLAP임

2. HOLAP의 주요 특징

가. HOLAP의 아키텍처 구성

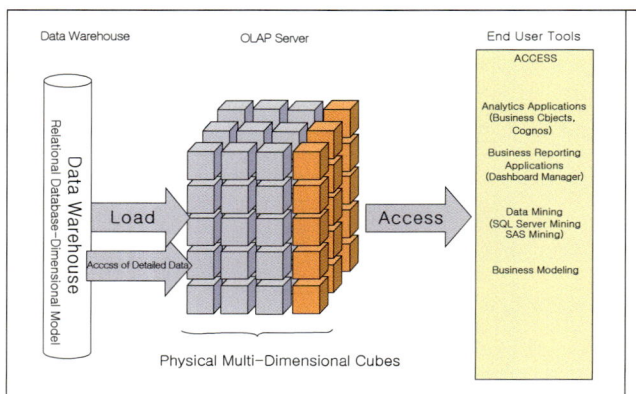

- 요약된 데이터나 관계식에 의해 새로 계산된 데이터는 "MDB"에 저장됨
- 상세데이터는 "RDB"에 저장되며, 질의 과정에서 다차원 데이터베이스에 저장된 데이터보다 더 상세한 데이터가 필요하게 될 경우 자동적으로 DW 상의 RDBMS에 저장된 상세데이터를 가져오게 됨

- 관계형 DB 와 MDB 두 가지 방식을 모두 사용하여 단점 보완

나. OLAP 유형간 특징 비교

비교항목	ROLAP	MOLAP	HOLAP
기반구조	관계형 DB	다차원 DB	관계형/다차원 DB
DB 모델	Star, Snowflake	Cube 방식	모두 지원
특징	- 대용량 데이터 처리 - 원시 데이터 조회 가능	- 다차원 분석 용이 - 복잡한 응용 가능	- ROLAP+MOLAP 장점 취합
고려사항	- 회귀분석 등의 복잡한 분석이 어려움 - 수행속도의 제한	- 데이터량이 증가하면 처리 어려움 - 원본 데이터 추적이 어려움	- MOLAP 서버와 RDB 간의 추가적인 데이터 변환이 필요함

3. HOLAP의 동향 및 전망

가. BI 등의 발전으로 비즈니스 요구사항의 난이도가 점점 복잡해지고 대용량 데이터 지향으로 변화함에 따라 MOLAP, ROLAP, DOLAP 등의 다양한 분석 시도가 이루어지고 있음

나. MOLAP은 처리 데이터 용량 및 기존 DB와의 호환 문제로 HOLAP 형태로 진화되고 있음 "끝"

문제〉	다차원 모델링		
카테고리	데이터베이스 〉 데이터 웨어하우징 〉 다차원 모델	난이도	하

[문제풀이]

1. 데이터 분석 및 의사결정을 위한 다차원 모델링 개요

가. 다차원 모델링(Multi- Dimension Modeling) 정의

- 기업의 효율적 의사결정, 분석 편리성을 위해서 다차원 정보를 사용자 관점에서 분석하기 위한 모델링 기법(OLAP 업무에 적합)

나. 다차원 모델링 특징

- 정보를 비즈니스 관점으로 조직화, 재가공함
- 빠른 분석을 위해서 분석기준을 중심으로 미리 집계, 가공형태 유지

2. 다차원 모델링 구성요소 및 종류

가. 다차원 모델링 구성요소

1) 사실(Fact): 사실 테이블에 저장되는 의미 있는 수치 데이터(매출, 손익)

2) 차원(Dimension): 주어진 사실에 대한 추가적 관점, 차원 테이블(본부, 지점)

3) 속성(Attribute): 각 차원 테이블이 가지고는 속성, 검색, 분류 시 사용(날짜, 사번)

4) 계층(Layer): 속성 간의 상하관계, 이동에 대한 분석지원(본부와 지점)

나. 다차원 모델링의 종류

구 분	Star Schema	Snowflake
개념도	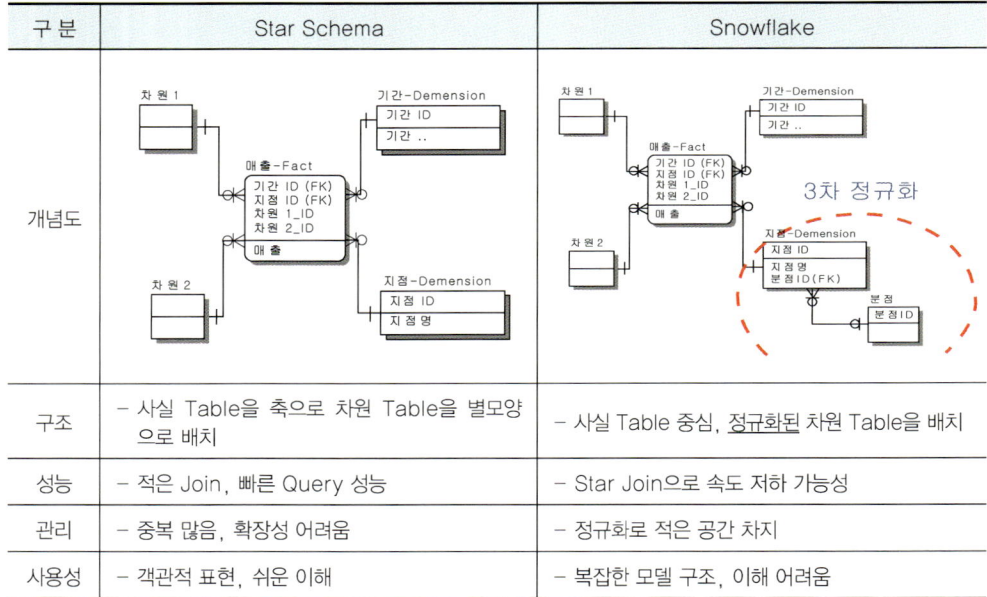	
구조	– 사실 Table을 축으로 차원 Table을 별모양으로 배치	– 사실 Table 중심, <u>정규화된</u> 차원 Table을 배치
성능	– 적은 Join, 빠른 Query 성능	– Star Join으로 속도 저하 가능성
관리	– 중복 많음, 확장성 어려움	– 정규화로 적은 공간 차지
사용성	– 객관적 표현, 쉬운 이해	– 복잡한 모델 구조, 이해 어려움

3. 다차원 모델링 시에 주요산출물 및 고려사항

가. 주제영역정의서, FACT 및 Dimension 정의서, 정형 및 비정형 보고서 및 데이터 마트의 다차원 모델링

나. 다차원 모델링도 대용량의 데이터 조회를 위해서 FACT 테이블의 일자를 반정규화 수행

다. 모델링 시에 사용자의 접근 패턴과 활용도 및 데이터 용량을 고려한 모델링 필요함

라. ROLAP에서 SQL를 활용하여 모델에 접근하여 사용

마. MOLAP의 경우 모델을 메모리에 적재하여 큐브를 만들어 조회처리 함

"끝"

5 데이터 마이닝 (Data Mining)

데이터 마이닝은 대규모의 데이터로부터 이미 발견하지 못한 사실이나 패턴을 발견하는 프로세스이다. 데이터 마이닝이 프로세스라는 의미는 계속적으로 수행되면서 비즈니스의 모델을 찾아간다는 의미다. 즉, 데이터 마이닝은 1회성 프로젝트가 아니라 비즈니스와 적합한 모형을 찾을 때까지 계속적으로 이루어지는 작업이다.

데이터 마이닝은 인공지능을 기반으로 하는 기계학습(Machine Learning)과 통계학(Statistic) 및 패턴인식(Pattern Recognition), 데이터베이스(Database)을 기반으로 하고 있다. 데이터 마이닝은 이처럼 많은 부분에 대한 지식과 기술이 필요한 부분이다.

데이터 마이닝 학습에 있어서 중요하게 생각해야 할 부분은 3가지가 있다. 즉, 데이터 마이닝 기법, 데이터 마이닝 절차와 데이터 마이닝이 어떻게 쓰일 수 있는지에 대한 부분이다.

그럼 데이터 마이닝 기법에 대해서 알아보자. 데이터 마이닝 기법은 신경망, 군집화, 의사결정 나무, 연관성 분석, 연속성 분석, 분류화가 있다.

먼저 신경망(Neural Networks)에 대해서 알아보자. 신경망은 인간의 세포 증식과 같이 반복적인 학습을 통해서 세포를 증식시키는 방법으로 모형을 찾아가는 방법으로 마디(Node)와 고리(Link)로 구성된 망구조를 하고 있다.

즉, 반복적인 학습과정을 거쳐 데이터에 내재되어 있는 패턴을 찾아가는 방법으로 그 안의 내용은 모르고 입력과 출력만 알 수가 있다. 그러므로 신경망은 어떠한 이유로 해당 모형이 도출되었는지에 대한 설명력이 부족한 단점이 있다. 하지만 신경망은 비즈니스 모형을 잘 찾는 데이터 마이닝 기법 중에 하나이다.

[그림 41] 신경망

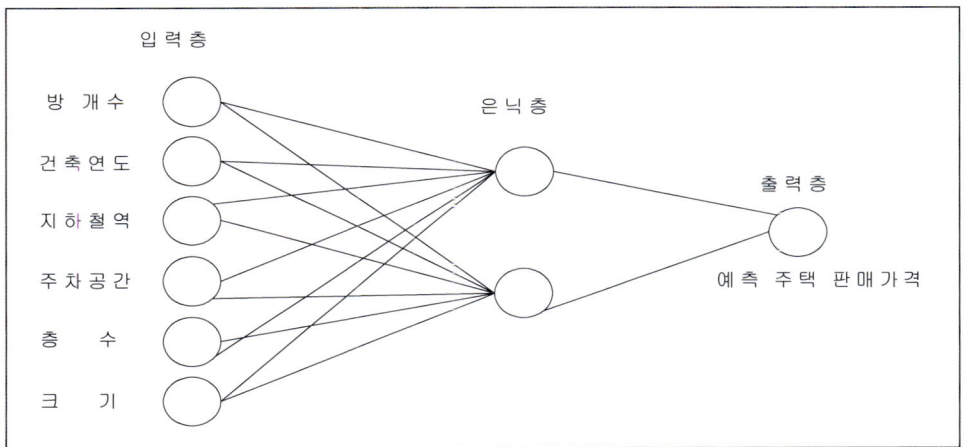

두 번째 군집화(Clustering)는 대규모의 데이터를 작은 그룹으로 분류하여 여러 분할을 만드는 과정이다. 군집화 대표적인 알고리즘은 K- Means 알고리즘이 있으며 내용은 다음과 같다(예: 연령, 월 수입으로 3개의 군집으로 분류).

[그림 42] 군집화

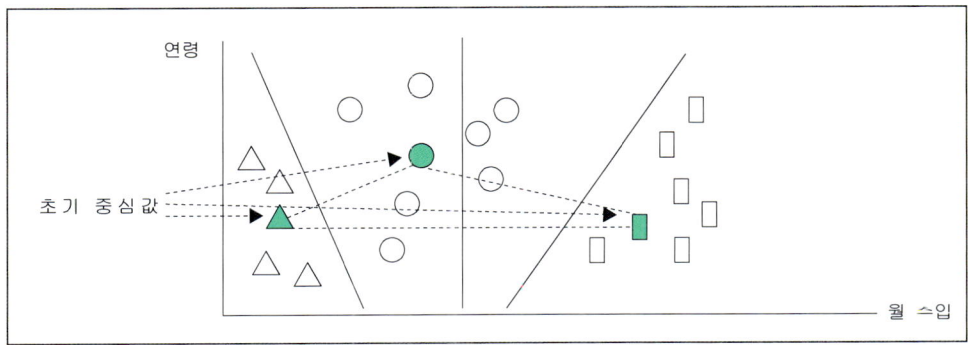

K- Means 알고리즘은 군집별로 중심값을 설정하고 중심값과 거리를 기반으로 데이터를 분류하는 과정이다.

세 번째 의사결정 나무(Decision Tree), 의사결정 나무의 가장 큰 장점은 설명력이다. 앞의 신경망의 경우 출력된 비즈니스 모형에 대한 설명력이 부족했다. 하지만 의사결정 나무는 나무(Tree)형태로 되어 있어 어떠한 데이터 마이닝 기법보다도 설명력이 충분하다.

[그림 43] 의사결정 나무

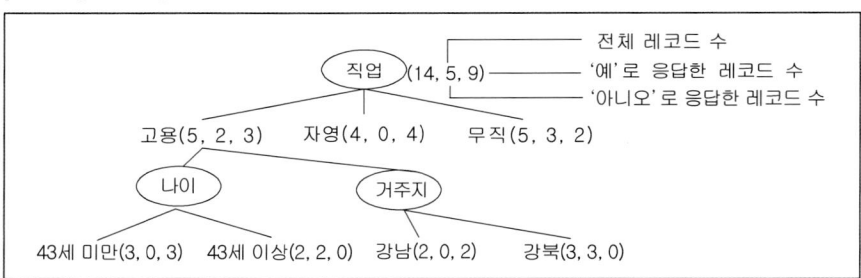

의사결정 나무는 기업의 우수고객 분류 및 이탈고객, 신규고객 등에 대한 분석을 위해서 많이 사용된다

네 번째는 연관성 분석(Association)이다. 동시에 발생한 데이터 간에는 특정한 연관이 있다는 것이다. 대표적인 예로 맥주와 기저귀이다. 이것은 기저귀를 사러 온 남자는 맥주를 같이 산다라는 것이다. 즉, 이전에는 생각 할 수 없었던 맥주와 기저귀 데이터 간에 연관성이 있다는 것이다. 그러므로 매장에서 기저귀를 진열 할 때 맥주와 기저귀를 같이 진열을 한다. 이러한 방식으로 사용되는 것이 연관성 분석이다.

다섯 번째는 연속성(Sequence) 분석이다. 연속성 분석은 연관성 분석과 동일하다. 하지만 연관성 분석과 달리 시간의 개념이 포함된다. 즉 신차를 구입 후 3개월 후 캠핑장비를 구입한다. 신차와 캠핑장비 간의 연관성이 있다라는 것이다. 하지만 이것은 동시에 발생하지 않고 특정한 시간이 경과 후 발생한다. 연관성 분석에 시간의 개념이 포함된 것이 연속성 분석인 것이다.

　여섯 번째 분류화(Classification)이다. 분류하는 다른 그룹과의 차별적인 특성을 도출하는 기법이다. 차별적인 특성이란 특정 그룹에 속하지 않는 데이터에 대하여 해당 그룹을 지정하기 위해서 사용 할 수가 있을 것이다.

문제〉	주요 의사결정 정보 활용을 위한 데이터 마이닝의 유형, 프로세스, 활용분야에 대해 설명하시오.		
카테고리	데이터베이스 〉 데이터 웨어하우징 〉 데이터 마이닝	난이도	하

[문제풀이]

1. 경영의사결정 지원을 위한 데이터 마이닝의 개요

　가. 데이터 마이닝(Data Mining)의 정의

　　- 기업 의사 결정 지원 등을 위하여 대량의 데이터에서 숨겨져 있는 데이터 간의 상호 관련성, 패턴, 경향, 의미있는 정보들을 추출하는 일련의 과정 및 기법

　나. 데이터 마이닝의 특징

　　- 지식집약적 : 응용분야 지식, DB/DW 지식, 처리기법에 대한 지식

　　- 3I 모델링 프로세스:Interrative(반복적 분석),Interactive(대화식 처리), Incremental (증가치 방식)

　　- 귀납적 결과에 초점

다. 데이터 마이닝의 동향

구 분	내 용
최근 동향	− 지식관리시스템(KMS) 및 고객관계시스템(CRM) 구현의 주요기술로 자리 잡고 있음 − 지능형 Agent를 활용하여 적기의 의사결정 정보 제공 − 금융/보험, 통신권, 유통/소매업을 중심으로 데이터 마이닝의 적용이 확대되고 있음
기술적 측면	− 대용량 DB처리가 가능한 병렬기술 개발 − 진보된 데이터 마이닝 알고리즘 연구 − 데이터의 선택 및 정보의 해석에 고도의 전문 인력 필요, 이에 대한 체계적인 양성전략 필요

2. 데이터 마이닝의 유형

기 법	내 용
의사결정 나무 (Decision Tree)	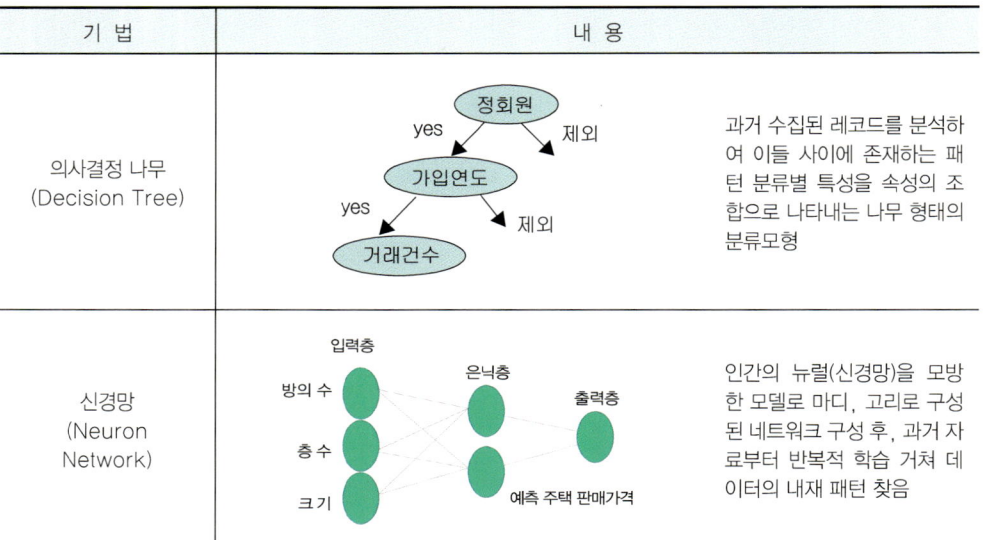 과거 수집된 레코드를 분석하여 이들 사이에 존재하는 패턴 분류별 특성을 속성의 조합으로 나타내는 나무 형태의 분류모형
신경망 (Neuron Network)	인간의 뉴럴(신경망)을 모방한 모델로 마디, 고리로 구성된 네트워크 구성 후, 과거 자료부터 반복적 학습 거쳐 데이터의 내재 패턴 찾음

기 법	내 용	
군집화 (K- —Means Clustering)	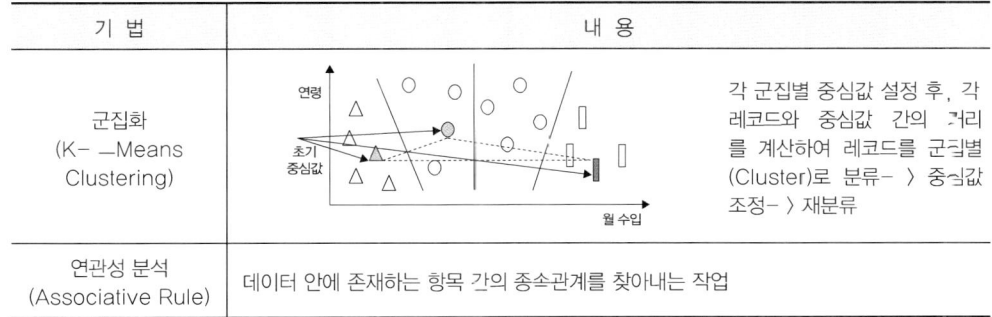	각 군집별 중심값 설정 후, 각 레코드와 중심값 간의 거리를 계산하여 레코드를 군집별(Cluster)로 분류- 〉 중심값 조정- 〉 재분류
연관성 분석 (Associative Rule)	데이터 안에 존재하는 항목 간의 종속관계를 찾아내는 작업	

3. 데이터 마이닝 수행 절차 및 활용분야

가. 데이터 마이닝 수행 프로세스

절 차	내 용	고려사항
요구 분석	준비작업으로 데이터 마이닝의 목적을 정의 ex) 이탈고객 최소화, 신규 고객 창출	비즈니스의 목적 파악
데이터 선택	필요한 데이터의 위치, 형태, 완전성을 파악하고 통합하는 작업	
데이터 정제	정확성을 높이는 단계로 데이터의 모호성과 중복성을 제거, 오류값 보정	데이터오류 제거
데이터 보강	데이터의 양을 늘리는 단계로 기업의 외부 데이터를 수집하여 추가함(선택사항임)	외부데이터 활용
데이터 변환	불필요한 데이터를 삭제하거나 신규 파생 데이터를 생성함 ex) 월 소득 200만 원 기상이면 '1'	파생데이터 성성
데이터 마이닝 수행	비즈니스의 목적에 가장 부합되는 데이터 마이닝 기법을 선택하고 가이닝 수행 ex) 의사결정 나무, 신경망 선택	해석가능한 모델 선택
해석 및 평가	마이닝 결과를 해석하고 실제 마케팅에 활용하여 마이닝 모델을 평가함	Feedback

나. 데이터 마이닝 활용 분야

분 야	활용사례	이용 데이터
금 융	– Private Banking 대상 고객 파악 – 보험 사기 유형 도출, 적발	– 예금액 총액 – 보험 계약별 사고 발생건수
제 조	– 분기별 매출액, 재고량 예측 – 지역별 제품 선호도 조사	– 과년도 재고량, 매출액 데이터 – 고객 설문조사 결과
통 신	– 통화량 월별, 일별 폭주 시간대 파악 – 주요 마케팅 대상 고객층 선정	– 월별 통화 정보 – 계층별 요금 납부액
의 료	– 특정 질환 가계별 유전 여부 확인 – 진료시약의 체질별 부작용 예방	– 가계 질병 이력 – 임상 실험 정보

4. 데이터 마이닝 수행 시 주요 이슈 사항

가. 데이터의 잡음과 결손: Garbage, Dummy, 불량 데이터 제거 모델 수립 및 실행

나. 데이터 준비 부족: 계획적인 절차하에 다양한 소스로부터 대량의 데이터 수집

다. 예측의 불확실성: heruistic, rule of thumb통한 정확한 추론에 대한 확신 부여

라. 시간적 차이: 과거데이터 마이닝은 과거결과 확인 수준, 미래 경영환경 인자를 패턴 추론에 반영, 미래 환경 의사결정

"끝"

기출문제

■ 단답형

- 75회 정보관리) 스타 스키마

■ 서술형

- 69회 조직응용) 데이터 웨어하우스의 구성요소, 아키텍처와 전망 및 구축시 고려사항 등을 기술하시오.
- 72회 정보관리) 데이터 웨어하우스(DW) 구축 프로젝트에 대한 다음에 답하시오.
  (1) 데이터 웨어하우스 아키텍처의 주요 구성 요소에 대해 설명하시오.
  (2) 데이터 웨어하우스 구축 프로젝트의 주요 성공요소(Critical Success Factor)에 대해 설명하시오.
  (3) 데이터 웨어하우스 구축 프로젝트의 위험 요소에 대하여 설명하시오.
- 72회 정보관리) 데이터 마이닝 기법 중, 연관규칙(Association Rule) 기법은 어떤 사건이 일어나면 다른 사건이 일어나는 관련성을 의미한다. 연관 규칙은 트랜잭션들의 상황을 얼마만큼 잘 뒷받침 해주는가를 다음의 3가지 척도로 측정한다. 이들을 수식으로 설명하시오(관심 있는 규칙 (x→y)에 대하여).
  (1) 지지도(Support)
  (2) 신뢰도(Confidence)
  (3) 리프트(Lift)
- 78회 조직응용) EDW(Enterprise Data Warehouse)의 구조와 구축방법 및 향후 발전방향 등에 관하여 설명하시오.

예상문제

◾ 단답형

 - 스노우플레이크
 - ETT
 - ODS
 - DW 메타 데이터
 - K- Means 알고리즘

◾ 서술형

 - 데이터 웨어하우스의 구축방법과 구축 시 문제점 및 활용방안에 대해서 설명하시오.
 - OLAP의 기능 및 종류에 대해서 설명하시오.
 - ETT의 문제점과 ETT TOOL 선정방안에 대해서 설명하시오.
 - 금융권의 데이터 마이닝 활용방안에 대해서 설명하시오.

인프라로서의 데이터베이스 활용 요약

　본 장에서는 대용량 데이터베이스를 구축 후에 그것을 의사결정에 활용하는 부분을 IT측면에서 알아보았다. 대용량 데이터베이스를 구축하기 위한 데이터 웨어하우스는 반드시 정제된 데이터가 있어야 하며 또한 그것은 고객의 비즈니스 목적에 순응해야 한다. 아무리 좋은 IT 인프라도 비즈니스의 목적과 맞지 않는다면 그것은 분명히 무형지물이 될 것이다.

　이러한 데이터 웨어하우스라는 기본 인프라를 가지고 OLAP, 데이터 마이닝을 통하여 의사결정을 위해 분석작업을 할 수 있으며 그것은 비즈니스를 선도하는 IT 기술이 될 수 있을 것이다.

STEP 5

다양한 환경을 지원하는 데이터베이스

최근 인터넷의 발전으로 기존의 텍스트 위주의 데이터에서 멀티미디어 위주의 데이터로 변하고 있다. 또한 XML의 활용도의 증가로 인한 XML의 관리적인 측면이 부각되며 국내 IT산업의 발전과 유비쿼터스 시대를 준비하기 위해서 각종 모바일 단말기들이 출현하고 있다.

본 장에서는 이러한 것을 관리하기 위한 MMDB, XML DB, 멀티미디어 DB, 임베디드 DB 및 공간 데이터에 대해서 알아보자.

- MMDB와 디스크 기반 데이터베이스 관리 시스템의 차이점을 학습한다.
- XML 문서의 특징과 XML 문서 저장방식에 대해서 학습한다.
- 멀티미디어 데이터의 특징과 관리방법에 대해서 학습한다.
- 임베디드 소프트웨어의 특징 및 제약조건에 대해서 학습한다.
- 공간 데이터의 종류 및 장단점에 대해서 학습한다.

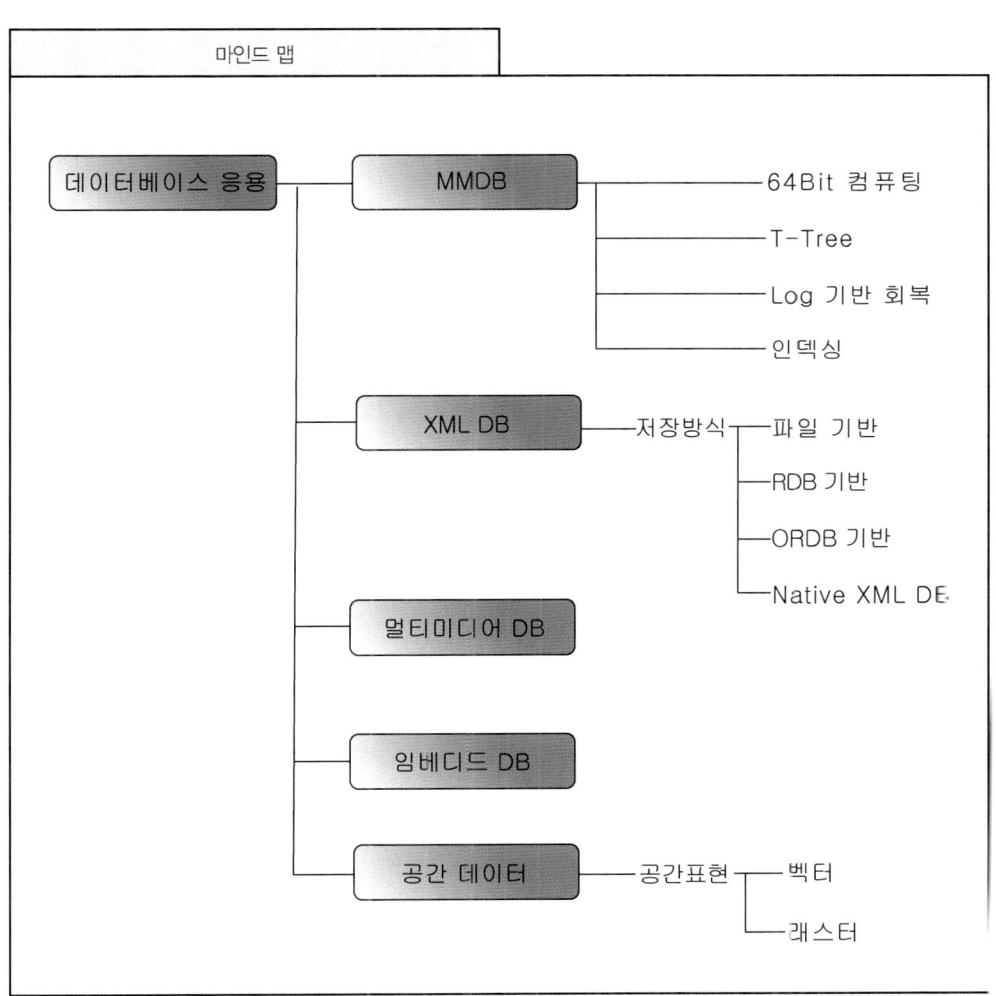

마인드 맵

데이터베이스 응용

- MMDB
  - 64Bit 컴퓨팅
  - T-Tree
  - Log 기반 회복
  - 인덱싱
- XML DB
  - 저장방식
    - 파일 기반
    - RDB 기반
    - ORDB 기반
    - Native XML DB
- 멀티미디어 DB
- 임베디드 DB
- 공간 데이터
  - 공간표현
    - 벡터
    - 래스터

1 메인 메모리 데이터베이스(Main Memory Database)

2004년도부터 금융권의 증권업계를 중심으로 메인 메모리 데이터베이스를 사용하는 증권회사가 등장하게 되었다. 증권회사에서는 매일 수십만 건의 해당되는 데이터를 실시간으로 데이터베이스에 저장하고 그것을 고객에게 조회하며 혹은 분석하여 차트 등을 제공할 데이터베이스가 필요하였으며 그러한 것은 메인 메모리 데이터베이스가 해결 하였다.

과거 증권회사는 이러한 대용량 트랜잭션을 처리하기 위해 ISAM를 주로 사용하였으나 데이터양의 증가와 관리의 어려움 또한 SQL를 사용 할 수 없다는 단점을 해결하기 위해서 메인 메모리 데이터베이스 안정적인 성능이 필요하게 된 것이다.

메인 메모리 데이터베이스는 기존 디스크 기반 데이터베이스에서 제공하는 대부분의 기능을 지원하고 데이터베이스 기동 시에 데이터베이스 전체를 주 기억장치에 상주 시켜 데이터베이스 연산을 처리하는 방식이다. 기동 시에 데이터 파일의 모든 데이터를 메모리에 사용하므로 당연히 기동시간에 지연이 발생하며 데이터베이스 종료 시에는 메모리의 데이터를 데이터 파일에 저장해야 하므로 종료시간에 지연이 발생한다.

[그림 44] 메인 메모리 데이터베이스와 디스크 기반 데이터베이스의 비교

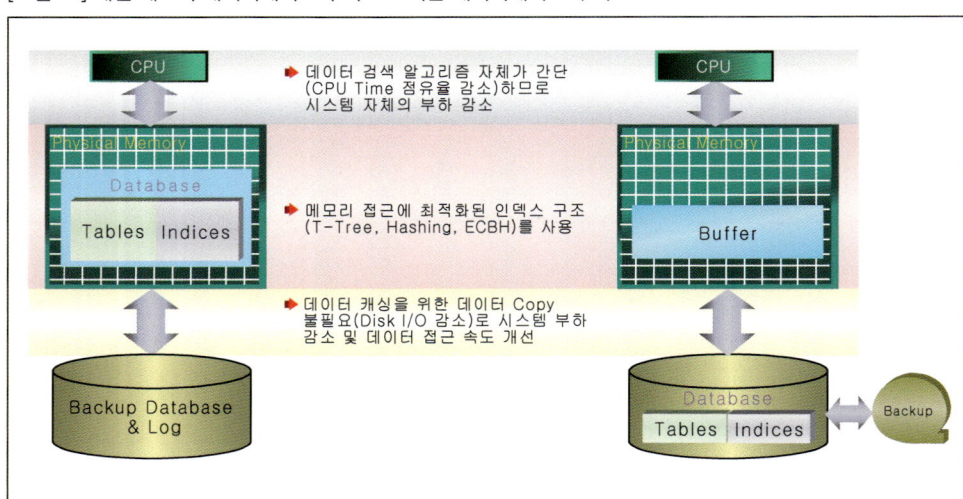

하지만 기존의 디스크 기반 데이터베이스의 성능에 약 10배 정도의 성능이 발생하며 관계형 데이터베이스의 모든 기능을 지원한다.

1) 메인 메모리 데이터베이스의 핵심기술

- 대용량 메모리 상주를 위한 64Bit 컴퓨팅 기술
- 메모리 상주 데이터베이스의 데이터 검색을 위한 T- Tree 검색기법 즉, 해싱 혹은 T- Tree 인덱싱을 이용하여 주소를 파악 후 주소영역으로 접근
- 휘발성 메모리를 데이터베이스로 이용하므로 로그 기반의 회복기법
- 대용량의 트랜잭션 수행 시에 동시성 제어를 위한 동시성 제어 기법

최근 메인 메모리 데이터베이스는 진화하여 하이브리드 메인 메모리 데이터베이스로 진화하였다. 하이브리드 메인 메모리 데이터베이스는 데이터베이스 테이블에 대해서 디스크 저장 테이블과 메모리 상주 테이블을 결정할 수가 있어서 디스크 기반의 데이터베이스의 장점과 기존의 메인 메모리 데이터베이스의 장점을 결합한 것이다.

메인 메모리 데이터베이스는 데이터베이스 부분에서 유일하게 국내기업이 주도하고 있는 부분이며 향후 하이브리드 메인 메모리 데이터베이스를 활용하여 외국 데이터베이스 벤더에게도 새로운 도전자로 부상하리라 기대된다.

문제〉	MMDB		
카테고리	데이터베이스 〉 DBMS 〉 MMDB	난이도	하

[문제풀이]

1. 실시간 대용량 트랜잭션 처리를 위한 MMDB의 개요

가. MMDB(Main Memory Database)의 정의

- 데이터베이스 전체를 주 기억장치(Main Memory)에 상주시켜 데이터베이스 연산을 처리하는 데이터베이스

나. 최근 MMDB의 부각이유

- 메모리 가격의 하락과 데이터베이스의 메모리 상주를 통한 응답시간 단축
- 32Bit 주소체계의 CPU에서 64Bit CPU 주소체계 등장으로 메모리 영역의 무한대화

2. MMDB의 주요특징 및 디스크 기반 데이터베이스와의 비교

가. MMDB의 주요특징

- Hashing 혹인 T- Tree 인덱스를 활용한 T- Tree 검색기법
- 64Bit 컴퓨팅에 따른 메모리 사용영역 확대
- 디스크 기반 데이터베이스보다 10배 이상 빠른 트랜잭션 처리
- Log 기반의 트랜잭션 회복기법에 따른 안정성

나. 디스크 기반 데이터베이스와 MMDB의 비교

구 분	디스크 기반 DB	MMDB
메모리 활용	- 데이터베이스 버퍼캐시의 역할	- 데이터베이스 전체를 상주
검색기법	- B- Tree	- T- Tree
장 점	- 디스크 기반 데이터베이스는 값싼 디스크를 활용하므로 대용량 데이터 관리가 가능 - 기업의 메인 서버로서 활용	- 실시간 대용량 트랜잭션 처리를 위한 고속 트랜잭션 처리 - 스레드 기반의 데이터베이스 시스템

구 분	디스크 기반 DB	MMDB
단 점	– 실시간 대용량 트랜잭션 처리가 어렵고 속도가 느림	– 시스템마다 최대 메모리 증설 가능한용등에 제한을 받음

3. MMDB의 적용사례 및 최근 동향

가. 증권회사의 실시간 시세처리, 조건검색, 이동통신 회사의 인증서버

나. MMDB는 최근 디스크기반 데이터베이스와 장점을 결합하여 메모리 상주 테이블을 결정할 수 있는 Hybrid MMDB 형태로 발전하고 있음

다. 하지만 기업의 메인 서버로 Hybrid MMDB가 사용된 사례가 적기 때문에 시장확대에 어려움을 겪고 있음

'끝"

문제〉	메인 메모리 데이터베이스 관리시스템(MMDBMS)을 디스크 기반 DBMS와 비교 설명하시오.		
카테고리	데이터베이스 〉 DBMS 〉 MMDB	난이도	하

[문제풀이]

1. 실시간 데이터 처리를 위한 메인 메모리DB의 개요

가. 디스크 기반 DB와의 비교에서 메인 메모리 DB의 정의

– 디스크 기반 DBMS의 저장장소는 디스크인데 반해, 메인 메모리 DB의 저장 장소는 반도체 메모리라는 점이 가장 큰 차이점이면서 특징

– 디스크 기반 DBMS는 테이블과 인덱스 전체가 디스크에 존재하고 접근하려는 레코드가 속한 데이터 페이지 또는 인덱스 페이지를 필요에 따라 디스크로부터 메모리 버퍼에 읽어들여 처리, 반면 메모리 DBMS는 최초 구동 시에 디스크에 존재하는 DB 전체를 메모리에 상주시키기 때문에 모든 레코드의 접근이 메모리에

서 이루어짐

- 이때 디스크는 백업 역할을 담당하거나, 데이터의 안정성을 위해 디스크에 존재하는 DB를 제3의 저장장치로 백업할 수 있음

나. 메인 메모리 DB의 등장배경

구 분	내 용
실시간 데이터 처리 요구의 증가	IT환경의 변화에 따른 실시간 데이터 처리에 대한 요구가 크게 증가
기존 DBMS의 한계	실시간으로 데이터를 처리하기에는 기존 DBMS의 규모가 지나치게 커짐
고객 마인드 변화	TCO 및 ROI측면에서 정량화된 효과를 측정 가능한 시스템만을 선별 투자

2. 디스크 기반 DBMS와 메인 메모리 DBMS의 개념적 비교

가. 디스크 기반 DB와 메인 메모리 DB의 개념적 구성도 비교

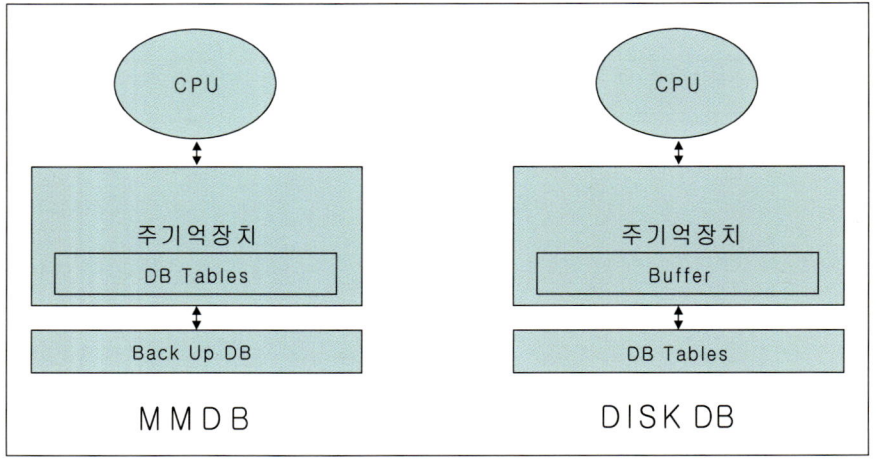

- 메모리DB는 메인 메모리 내에 DB테이블, 인덱스 등이 존재하고 디스크기반 DB는 버퍼만 메인 메모리에 존재하고 DB테이블은 디스크에 존재

나. 디스크 기반 DB와 메모리 DB의 구조 비교

항 목	메인 메모리 DB	디스크 DB
데이터 모델	관계형	관계형 또는 객체지향
아키텍처	Client-Server 또는 응용 내장 구조	Client-Server 구조
서버 구조	다중 스레드 구조	프로세스 또는 다중 스레드 구조
인덱스 구조	메인 메모리 최적화 T-Tree Index	디스크 I/O 최소화 B+Tree

다. 디스크 기반 DB와 메인 메모리 DB의 개념적 위치, 백업 비교

항 목	메인 메모리 DB	디스크 DB
DB 위치	메인 메모리, 주기적으로 디스크 반영	디스크
로그 위치	디스크	디스크
온라인 백업	지원	지원
장애	DB 온전 복구	DB 완전 복구

라. 디스크 기반 DB와 메인 메모리 DB의 인터페이스 및 사용 유틸리티 비교

항 목	메인 메모리 DB	디스크 DB
	SQL92지원, ODBC, JDBC, ESQL	SQL92 기반 SQL3, 4GL, Trigger, XML 등 다양한 인터페이스

항 목	메인 메모리 DB	디스크 DB
유틸리티	관리자 도구, 모니터링 도구, SQL튜닝	서드- 파티에서 제공 유틸리티
무정지 기능	이중화 형태로 지원	DB 클러스터링

3. 메인 메모리 DB의 구성 아키텍처 및 디스크 DB와의 기술 비교

가. 메인 메모리 DB의 구성 아키텍처

Interface : ODBC, JDBC, SQLCLI, ESQL, LDAP
Query Process : Dictionary Manage, SQL Parser, Optimizer
Storage Management : Lock, Recover, Transaction,
Memory, Log, Index, Checkpoint
Platform Independent Layer

메인 메모리
내에 구성됨

나. 디스크 DB와 메인 메모리 DB의 기술 비교

기 술	메인 메모리 DB	디스크 DB
질의최적화	- 비용기반 최적화 시 접근 경로 계산 비용이 적음	- 비용기반, 규칙기반의 최적화 기술
동시성제어	- 다중버전 기법으로 최적화	- 2pc, 타임스탬프, 낙관적 검증 등
인덱스	- T- Tree 기반 인덱스 사용	- B- Tree 기반의 인덱스 사용

4. 메인 메모리 DB의 현황과 발전방향

가. 메인 메모리 DB의 현황

- 차세대 빌링: 이동통신사의 사용자 인증/빌링을 위한 대용량 고속 처리 위해 사용

- 증권사: 실시간 주식의 시세 분석, 차트 등 다양한 분석에서 사용됨
- 유선통신: NGN 기반의 대용량 트랜잭션 처리를 위해 활용
- 이동통신: 중앙 집중적 일괄처리를 위해 메인 메모리 DB의 활용

나. 메인 메모리 DB의 발전방향

- 대형 플랫폼에서부터 소형 플랫폼에 이르기까지 또 DB 크기에 따라 다양한 구형으로 발전할 전망
- 내장형 메인 메모리 DB: 특정소규모의 작은 플랫폼에 탑재되어 사용
- 범용 메인 메모리 DB: 서버 플랫폼에 장착되고 빠른 트랜잭션 처리
- 혼합형 DB: 성능을 요하는 일부 테이블은 메모리에 상주하고 대용량은 디스크 사용

"끝"

• 참조: 메인 메모리 DB와 디스크 기반 DB의 비교 및 실전 시스템 구성도

[디스크 기반 DB와 메인 메모리 DB의 기술적 차이점]

구 분	디스크 기반 DB	메인 메모리 DB
주 저장매체	– 디스크 기반	– Real 메모리
SQL	– ANSI 표준 준수 및 벤더 마다 제공되는 추가 기능	– ANSI 표준 준수 및 기존 디스크 기반 데이터베이스 벤더에서 제공하는 대부분의 기능 제공
트랜잭션 백업	– Check Point를 활용	– Check Point를 활용
DBMS 프로세스 구성	– 전체적으로 멀티 프로서스를 기반으로 함	– 멀티 스레드를 기반으로 DBMS 시스템 관리함

구 분	디스크 기반 DB	메인 메모리 DB
동기화 기법	– Replication 제공 – 하지만 디스크 기반의 성능 문제로 인하여 제약발생	– Replication 제공 – 트랜잭션 처리능력이 우수하여 대용량 데이터 또한 동기화 가능
인덱스 검색기법	– B– Tree 기반	– T– Tree 및 B– Tree 선택가능

[디스크 기반 DB와 메인 메모리 DB의 운영상 차이점]

구 분	디스크 기반 DB	메인 메모리 DB
이기종 DB 동기화	– 제약발생, 단 같은 벤더의 제품은 링크를 통해 가능	– 제약발생, 단 같은 벤더의 제품은 복제만 가능
안정성	– 사용 사례가 많기 때문에 안정성 우수	– MMDB 또한 트랜잭션의 지속성 보장으로 안정성 우수(금융권은 MMDB에 대한 사례가 많음)
장 점	– 구축 사례가 많고 대용량 데이터에 대한 History 보관 시에 좋음 – 상용화 된 DBMS 관리 툴이 많음	– 대용량 트랜잭션의 실시간 수신 및 분석과 조회 시에 우수 – 백업을 위한 대용량 데이터 복제 가능 – ANSI 표준 SQL 제공으로 기존 DBA 및 개발자는 추가학습 없이 사용가능
단 점	– 대용량 트랜잭션 처리 불가 – 대용량 데이터 동기화 불가 – 메모리 히트율이 DB 성능을 좌우	– 디스크 기반 데이터베이스에 비해 사례 부족 – 하드웨어 메모리 용량이 중요 　즉, 증감 데이터를 고려하여 하드웨어 메모리 구성 필요

[메인 메모리 DB를 활용한 시스템 구성도/증권사 사례]

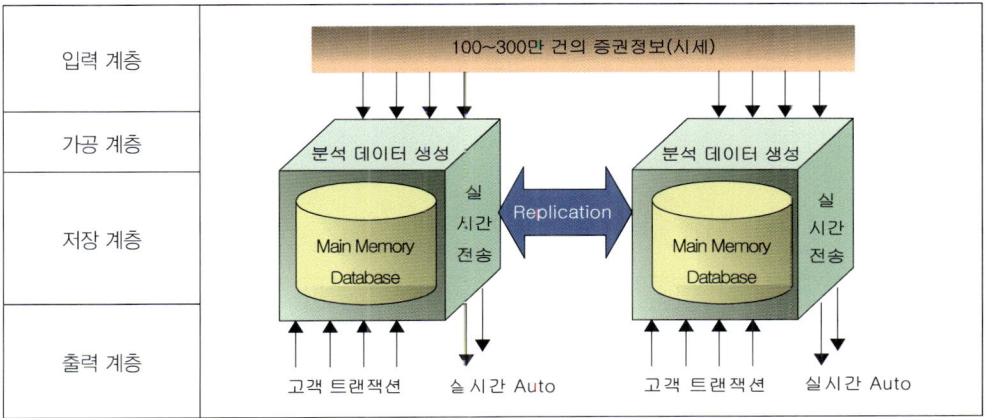

– 당일 100~300만 건의 데이터를 실시간으로 수신받고 이것을 정제 및 가공처리 후에
MMDB에 저장하며 SQL를 통해서 실시간으로 조회한다. 또한 실시간 데이터를 자
동으로 클라이언트에 전송한다. 상호백업을 위해서 Replication(복제)기능을 콩하
여 실시간 상호백업을 수행하며 모든 애플리케이션은 스레드를 기반으로 한다.

2 XML 데이터베이스와 XML 문서관리

　　HTML은 웹 브라우저를 활용하는 프레젠테이션 중심의 언어이다. 하지만 XML은 프레젠테이션의 기능과 더불어 웹상에서 구조화된 문서를 효율적으로 관리하기 위하여 설계된 마크 업 언어이다.

　　XML은 자료의 구조(Data Structure)와 내용(Content) 그리고 표현(Presentation)이 분리되어 있고 태그의 확장성과 유연성 또 이기종시스템 간의 상호 운용성이 뛰어난 장점이 있다.

　　그럼 XML 데이터베이스를 알아보기 전에 XML 데이터가 어떠한 특징을 가지고 있는지 알아보는 것이 순서일 것이다.

〈표 39〉 XML의 특징

XML의 특징	주요 내용
계층형 데이터 모델	- XML은 루트노드와 하위 서브노드로 구성된 트리 형태의 구성
데이터 중심	- 정형화된 구조로써 엘리먼트나 애트리뷰트의 순서에는 영향을 받지 않음 - XML에서 데이터를 정의하고 의미를 관리
문서 중심	- 비정형화된 구조로 논문, 책, 제품 설명서 등을 담고 있는 문서 중심의 XML

　　그럼 XML이 어디에 사용되는지 알아보자. XML의 대표적인 사용 예는 문서관리일 것이다.

　　각종 매뉴얼, 보고서, 질의서, 법률/규정집, 업무 매뉴얼 등으로 활용되고 문서관리 이외에도 이기종 정보시스템의 상호연동을 위해서 XML를 사용한다. 즉, 기업 간 데이터 교환, 백엔드 정보시스템의 통합 등에서 활용된다.

　　이런 XML문서를 저장하고 관리하기 위해서 XML 데이터베이스의 필요성이 인식되었고 XML 데이터베이스라고 하면 Native XML 데이터베이스만을 의미한다. XML 데이터베이스는 DTD 기반의 다양한 형태의 XML문서와 데이터를 효율적으로 저장, 검색, 편집하기 위한 XML 문서 관리 데이터베이스이다.

1) Native XML 데이터베이스의 기능

- 도큐먼트 컬렉션(Document Collection): 문서들을 Query를 통하여 조작 할 수 있도록 관리
- 질의 언어(Query Language): W3C의 XQuery 및 XPath를 활용하여 Query를 지원
- 갱신 및 삭제(Update and Deletes): XUpdate를 사용하여 문서를 갱신, 삭제
- 트랜잭션 지원: 데이터베이스의 기본 기능인 트랙잭션, 로킹(Locking), 동시성제어를 지원
- API(Application Programming Interface): 프로그램에서 XML 문서접근을 위해 API를 제공
- 라운드 트리핑(Round- Tripping): XML 문서를 XML 데이터베이스 내에 저장하고 복원할 때 같은 상태로 복원하는 XML 데이터베이스의 핵심요소
- 데이터베이스 접속: JDBC, ODBC 등을 활용하여 원격 데이터베이스 접속을 지원

이제 XML 문서를 관리하는 방법에 대해서 이야기해 보자. XML 문서를 관리하는 방법에는 파일 기반, RDB 기반, ORDB 기반 그리고 지금까지 이야기한 Native XML 데이터베이스를 활용한 기법이 있다.

[파일기반 XML 문서관리]

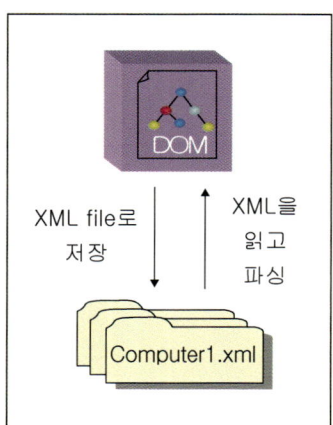

파일 기반으로 XML 문서를 저장한다는 이야기는 서버에 XML문서 파일을 그대로 보관한다는 의미이다. 그러므로 데이터의 무결성 보장 및 트랜잭션 처리 그리고 안정성을 보장하지 못한다.

단, 파일 기반의 장점으로 생각 할 수 있는 것은 XML 문서에 대한 변환이 없으므로 XML 확장성 및 구조적 데이터를 형태를 지원할 수 있다는 것이다.

실제 파일 기반으로 XML 문서 관리는 별다른 작업을 하지 않고 XML 문서를 보관한다.

[RDB 기반 XML 문서관리]

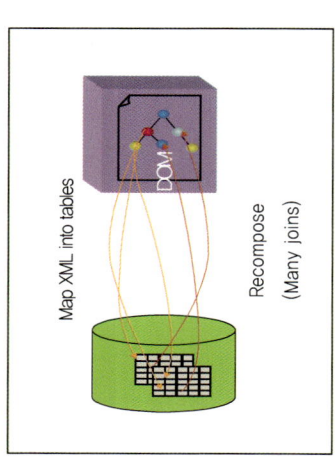

RDB 기반이라는 것은 XML문서의 DTD(데이터에 대한 구조 정보)를 관계형 데이터 모델(엔티티와 관계 모델)로 변환하여 저장하는 방법이다. 즉, RDB 기반은 XML 문서를 테이블과 매핑해야 하는 과정이 필요하다. XML 문서를 관계형 데이터베이스에 저장하므로 관계형 데이터베이스의 장점은 모두 활용할 수가 있다. 하지만 저장과정에서의 매핑 과정이 필요하므로 XML 문서 자체에 대한 확장성 지원이 어렵고 XML 문서가 복잡한 경우에는 조인(Join)연산이 과도하게 발생할 수 있어 성능이 저하 될 수 있다.

[ORDB 기반 XML 문서관리]

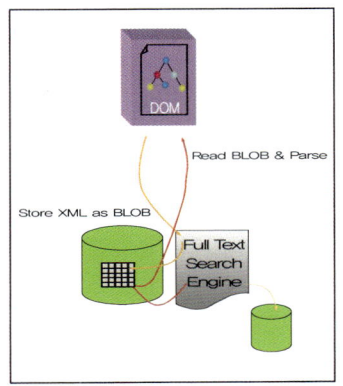

ORDB는 큰 객체를 저장할 수 있는 BLOB이라는 데이터 타입을 지원하며 BLOB(Binary Large Object)를 사용하여 XML 문서를 저장할 수가 있다.

ORDB에 XML문서를 보관하면 XML 문서의 확장성을 지원할 수가 있으며 단점으로는 데이터 수정 시의 과도한 성능 저하가 발생할 수 있고 많은 메모리의 사용과 최소단위 접근이 불가능하게 된다는 것이다.

[Native XML DB 기반의 XML 문서관리]

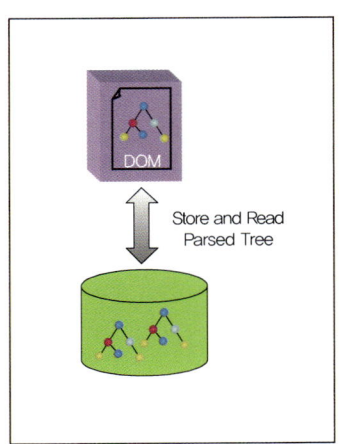

Native XML DB를 활용하여 XML 문서의 관리는 XML 데이터 파싱하여 트리(Tree)구조로 저장 할 수가 있다.

그러면 XML 문서에 대해서 확장성 및 구조화된 데이터 접근이 가능하고 무결성과 최소단위 접근도 가능하다. 하지만 Native XML DB는 일반 관계형 데이터베이스 관리 시스템 비해서 데이터베이스 관리적인 기능이 아직까지는 부족하고 XML 포맷이 아닌 다른 데이터와의 연동이 어려운 문제점을 가지고 있다.

문제〉	XML DB		
카테고리	데이터베이스 〉 DBMS 〉 XML DB	난이도	하

[문제풀이]

1. XML 문서를 저장관리 하기 위한 XML DB의 개요

가. XML DB의 정의

- DTD기반의 다양한 형태의 XML 문서와 데이터를 효율적 저장, 검색, 편집하기
위한 XML 저장 및 관리하기 위한 데이터베이스

나. 최근 XML DB의 부각 이유

- 전자상거래, KMS, EDMS 등의 비정형 XML 데이터의 효율적인 관리의 필요성
증대
- XML 문서를 관리하는 전용 데이터베이스의 필요성 증대

2. XML DB의 주요기능 및 XML 문서관리 방법

가. XML DB의 주요기능

1) XML 문서관리: XML Import, XML Export, DTD 관리기능

2) XML 문서검색: 문서단위, 엘리먼트 단위 검색기능

3) XML 문서편집: 엘리먼트 단위 수정, 삭제, 편집기능

4) XML 저장소 탐색: DTD 및 XML 문서정보, XML 데이터 탐색

나. XML 문서관리 방법

구 분	관계형 DB	ORDB	XML DB
구 조	Relation	객체	Tree
장 점	SQL 지원	SQL 지원	파싱 불필요
단 점	매핑 불필요, 성능저하	과다한 메모리 사용 성능저하	다른 데이터와의 통합의 어려움
활 용	기존 보유 시 유리	기존 보유 시 유리	신규 구축 시

3. XML DB의 적용사례 및 RDB와의 관계

가. 당사의 법률/규정관리 시스템 구축 시 XML 데이터의 효율적 관리 및 검색을 위한 XML 전용 데이터베이스를 활용

나. 다만, XML 전용 데이터베이스는 다른 문서의 형태와 통합연계가 미흡하기 때문에 대부분의 기업에서는 RDB를 활용하여 XML문서를 관리

"끝"

3 멀티미디어 데이터베이스(Multimedia Database)

인터넷의 발전과 컴퓨터 시스템의 성능개선으로 인해 기존의 텍스트 중심의 데이터에서 동영상, 사진, 음성 등이 결합한 멀티미디어 데이터를 활용한 콘텐츠의 활용이 증대되고 있으며 이러한 멀티미디어 데이터를 효과적으로 관리 하기 위한 데이터베이스 관리 시스템이 멀티미디어 데이터베이스이다.

〈표 40〉 멀티미디어 데이터의 특징

멀티미디어 데이터 특징	요구 기능
사진, 음성, 동영상 등의 대용량 데이터	대용량 데이터의 관리 기능
대용량으로 인한 데이터의 복원 및 압축기능	미디어별 검색 색인구조 및 알고리즘
비정형 자료구조	새로운 데이터 타입 지원
시간 동기화	시간성 및 동기화 지원

이러한 멀티미디어 데이터를 관리할 수 있는 방법은 다음과 같다.

〈표 40〉 멀티미디어 데이터 관리 방법

멀티미디어 데이터 관리	주요 기능
파일 기반	− 데이터베이스 관리 시스템을 사용하지 않고 파일에 인덱스를 처리해서 사용 − 단순한 검색 위주의 VOD(Video On Demand) 등에 이용 − 사용이 용이하나 규모가 커지면 관리 복잡도 증가 − 동시접근, 회복능력의 처리한계
관계형 데이터베이스 기반	− 이미지/비디오/오디오의 멀티미디어 데이터의 의미를 분석하여 테이블 기반의 메타 데이터 구축 − 멀티미디어 데이터는 Binary long 타입의 저장 혹은 파일에 저장하고 파일에 대한 메타 데이터만 데이터베이스 저장 − 범용적으로 사용하나 데이터 표현의 한계 발생
ORDB 기반	− 모노 미디어 저장을 위한 CLOB, BLOB 필드지원 − 사용자 정의 데이터 타입, 함수를 이용해 미디어별 타입 지원 − 데이터 타입 활용이 좋음

멀티미디어 데이터 관리	주요 기능
OODB 기반	– 사용자 정의 클래스, 사용자 정의 메소드 정의 기능을 이용해 미디어별 클래스를 정의 – 회복, 동시성 처리 등의 기능을 지원 – 구현이 복잡하고 속도 최적화가 어려움 – 미디어별 내용검색 기능 구현

최근 멀티미디어 데이터베이스는 멀티미디어 출판, 온라인상거래, 방송 콘텐츠를 중심으로 사용이 증가를 보이고 있으며 향후 멀티미디어 데이터를 위한 의미기반 검색 기술이 부각 될 것이다. 또한 멀티미디어 데이터를 LAN상에서 전송하는 MHEG과 인터넷 상에서 전송하는 기술인 SMIL의 중요성이 부각되고 있다.

문제〉	멀티미디어 데이터베이스		
카테고리	데이터베이스 〉 DBMS 〉 멀티미디어 데이터베이스	난이도	하

[문제풀이]

1. 비정형 멀티미디어 데이터 관리를 위한 멀티미디어 데이터베이스의 개요

가. 멀티미디어 데이터베이스(Multimedia Database)의 정의

- 2차원 컬러이미지, 흑백이미지, 1차원 시계 열, 음성, 비디오, 일반 데이터 딪 사용자 정의 데이터 등을 저장하고 관리 할 수 있는 데이터베이스 시스템

나. 멀티미디어 데이터의 특징

- 사진, 음성, 동영상 등의 대용량 데이터
- 비정형 자료구조 및 정형 자료구조 지원

2. 멀티미디어 데이터베이스의 특징 및 비교

가. 멀티미디어 데이터베이스의 특징

- 대용량 멀티미디어 자료처리, 고속질의, 정보검색 기능
- 멀티미디어 데이터에 대한 효과적 저장 시스템 지원
- 멀티미디어를 위한 다양한 데이터 타입 지원
- Hypermedia 모델지원: 멀티미디어 데이터 제작, 표현, 검색기능

나. 일반 데이터베이스와 멀티미디어 데이터베이스의 비교

구 분	일반 데이터베이스	멀티미디어 데이터베이스
내 용	정형, 텍스트 데이터	정형, 텍스트, 비정형 데이터
형 태	레코드 형태	클래스 형태
언 어	DML, DDL	SQL 3 라이브러리
DBMS	일반적으로 RDBMS 사용	ORDBMS 및 OODBMS

3. 멀티미디어 데이터베이스의 적용사례 및 현황

가. 전자도서관, 전자신문, VOD 홈쇼핑, 원격교육, 원격진료 시스템 등에서 활용

나. 관계형 데이터베이스의 확장응용 중심에서 순수 객체지향 DB인 OODB로 전환 예상

다. DRM를 이용한 멀티미디어 콘텐츠 저작권 문제의 중요성 해결이 부각

"끝"

4 임베디드 데이터베이스(Embedded Database)

임베디드 데이터베이스에 대해서 알아보기 전에 임베디드 소프트웨어에 대한 이해가 있으면 임베디드 데이터베이스 이해가 쉬울 것이다.

임베디드 소프트웨어는 특정 마이크로 프로세스에서 특수한 목적을 위해서 개발된 소프트웨어로서 모바일 기기, 산업 및 군사의 특수 목적 정보기기에서 수행되는 소프트웨어를 의미한다.

이러한 임베디드 소프트웨어는 하드웨어 종속적인 특성으로 하드웨어의 특성을 고려하여 주어진 작업을 처리할 수 있으며 외부 시스템과의 상호연동 기능을 지원한다.

결론적으로 임베디드 소프트웨어라는 것은 특수한 목적을 위해서 특정 하드웨어서 설치되어 수행되고 실시간 처리기능을 지원하며 하드웨어의 목적에 따른 다양한 기능을 지원하는 것을 특징으로 하고 있다.

또 임베디드 소프트웨어는 하드웨어에 종속하므로 다음과 같은 기능을 지원 할 필요가 있다.

[임베디드 소프트웨어의 기능]
- RT(Real Time) 소프트웨어의 특성을 갖는 작업처리에 대한 시간 제약성 특성
- Linux BIOS와 같은 고성능 부팅지원
- 하드웨어의 성능이 기존의 PC에 비해 떨어지고 전략을 실시간으로 공급할 수 없는 모바일 단말기의 경우는 저전력 기술이 중요
- 임베디드 소프트웨어도 범용적인 운영체제와 동일한 파일 시스템 지원기능

임베디드 데이터베이스라는 것도 이러한 특성을 모두 가지고 있고 특수 목적 단말기에 수행되는 데이터베이스이다. 임베디드 데이터베이스는 하드웨어의 제약 때문에 일반 서버 및 PC에서 수행되는 데이터베이스에 비해 충분한 하드웨어 자원을 사용할 수가 없다.

그러므로 제약된 자원을 효과적으로 사용하고 저전력을 지원하는 것이 중요하며 모바일 단말기에서 수행되는 임베디드 데이터베이스의 경우 원격지의 메인 서버와 데이터 동기화 문제가 중요한 요소기술일 것이다.

임베디드 소프트웨어는 핸드폰을 중심으로 게임, 전화번호 관리, 친구관리 등의 기능으로 빠른 발전이 이루어지고 있지만 임베디드 데이터베이스에 대한 사용과 발전은 다소 느린 것이 사실이다. 하지만 모든 단말기가 네트워크에 연결되고 언제, 어디에서나 어떤 단말기든 인터넷을 활용 하는 유비쿼터스의 시대와 더불어 임베디드 소프트웨어와 데이터베이스의 중요성이 부각되고 있다.

국내의 경우도 이러한 중요성을 인식하고 정보통신부의 IT 839정책의 하나로 임베디드 소프트웨어를 포함하고 정부차원에서의 지원과 투자를 실행하고 있다.

문제〉	임베디드 데이터베이스		
카테고리	데이터베이스 〉 DBMS 〉 임베디드 데이터베이스	난이도	하

[문제풀이]

1. 특수 목적 데이터베이스 임베디드 데이터베이스의 개요

가. 임베디드 데이터베이스(Embedded Database)의 정의

- 임베디드 시스템에 포함되어 임베디드 애플리케이션 실행 시에 사용되는 데이터베이스 시스템

나. 최근 임베디드 데이터베이스가 부각되는 이유

- 모바일 단말기의 증대로 인하여 기업의 메인 데이터베이스와 모바일 단말기 간의 데이터 처리 및 동기화의 필요성 증대

2. 임베디드 데이터베이스의 특징 및 비교

가. 임베디드 데이터베이스의 특징

- 상호 호환성: 이기종 디바이스와의 상호 호환성
- 이식성: 다양한 플랫폼에서 운영 가능
- 보안성: 다중 사용자 환경에서 암호화, 접근제어 등의 보안 서비스
- 동기화: 중앙의 서버와 데이터의 무결성과 일관성을 지원하기 위한 동기화 기법

나. 임베디드 데이터베이스와 일반 데이터베이스의 비교

구 분	일반 데이터베이스	임베디드 데이터베이스
장 점	- 대용량 데이터 처리 및 다양한 관리기능 - 범용적인 요구사항 처리가능	- 작은 크기로 실시간 트랜잭션을 고속처리 가능
단 점	- 범용적인 데이터베이스 이므로 특수 목적 단말기에 사용불가	- 하드웨어 제약성으로 인한 대용량 데이터 처리 및 관리기능 지원의 어려움

3. 임베디드 데이터베이스의 적용사례 및 현황

가. 교통제어 시스템, 우주항공, 금융거래 등에서 사용되면 실시간 시스템이나 분산처리 시스템 분야에서 활용

나. 정보기술의 발전과 정보기기들의 다양성으로 인하여 임베디드 데이터베이스의 중요성이 부각됨

"끝"

5 GIS(Geographic Information System) 데이터 표현 방법

GIS는 공간상 위치를 점유하는 지리자료와 이와 관련된 속성자료를 통합하여 자료를 처리하는 정보시스템을 의미하며 다양한 형태의 지리정보를 효율적으로 수집, 저장, 분석, 출력하기 위해 사용되는 하드웨어, 소프트웨어, 지리자료 등의 총체적인 의미를 이야기 한다.

이러한 GIS에서의 데이터의 특징과 데이터의 종류는 다음과 같다.

〈표 42〉 GIS의 특징

GIS의 특징	주요 내용
도형 및 비도형 데이터 관리	– 지도상에 표기된 방향에 대한 정보를 의미하는 도형자료와 도형자료에 대한 속성자료에 대한 관리 및 동시처리
공간좌표	– 여러 개의 지도를 하나의 지도로 관리하는 공간 좌표기능
데이터베이스 관리 시스템	– 지리정보의 대용량 데이터 처리 기능이 필요하므로 대용량 고성능 데이터베이스 시스템 기능
검색 및 분석기능	– 도형자료를 선택하고 속성자료를 검색 – 속성자료에 대한 도형자료 검색 – 지형의 위상에 따른 검색

그럼 이러한 GIS에서 사용되는 GIS의 데이터의 종류와 GIS의 공간 데이터 표현 방식에 대해서 알아보자.

GIS에서 사용되는 데이터의 종류에는 공간 데이터와 속성 데이터로 나누어진다. 공간 데이터는 각종 지리상의 위치, 형상 및 공간 데이터 간의 상대적 위치 관계 데이터를 의미하며 속성 데이터는 점, 선, 면으로 표시된 각종 좌표상의 사상의 특성을 의미한다.

즉, 도로명의 명칭, 노폭, 노면재료, 교통량 등의 정보를 속성 데이터라고 한다.

〈표 43〉 GIS의 공간 데이터 표현 방식

구 분	Vector	Raster
특 징	– 지도 정보를 좌표로 표현 – 점을 하나의 좌표로 표현, 선과 면은 좌표의 집합으로 표현 	– 열과 행을 정형화된 그리드 셀을 사용하여 지리 정보 표현 – 점은 그리드 셀 하나, 선은 지정방향의 그리드 셀의 집합, 면은 주변의 그리드 셀 집합을 표현
표현요소	점, 선, 면	수치화된 이미지
데이터량	소용량	대용량
처리속도	저속	고속
구조	복잡	단순
정확도	높음	낮음
분석능력	높음	낮음
데이터 수정	용이함	어려움

즉, 벡터는 공간 데이터를 점, 선, 면들의 좌표로 데이터를 관리하고 래스터는 그리드라는 공간 단위를 활용하여 데이터를 관리한다.

최근 e- Government에서 u- City 등의 요소기술로서 LBS, gCRM 등의 공간 데이터 활용도가 증대되어 공간 데이터에 대한 관리가 중요하게 부각되고 있다.

기출문제

■ 단답형

- 74회 조직응용) 임베디드 데이터베이스

■ 서술형

- 69회 조직응용) 임베디드 데이터베이스(Embedded Database)와 실시간 데이터베이스
  (Real- Time Database)의 특성에 대해 각각 논하시오.
- 71회 정보관리) 공간 데이터베이스의 특징을 일반 데이터베이스와 비교하여 설명하시오.
- 74회 조직응용) 동영상 DB의 구축은 일반 DB구축업무와 달리 DBMS적용에 많은 차이가 있다. 2 Tera
  Byte의 동영상 DB구축 시 RDBMS가 내세우는 기능적인 특성이 불필요한 요소를 기술하시오 (예: Double
  Update 가 발생하지 않기 때문에Concurrency 불필요).
- 74회 조직응용) XML문서관리의 요구조건을 설명하고 관계형 DB, 객체지향 DB, 내이티브(Native) DB 접근
  으로 분류하여 관리 방법의 특징 장 · 단점을 기술하시오.
- 77회 조직응용) 디스크 데이터베이스 관리 시스템과 메인 메모리 데이터베이스 관리 시스템에 대해 설명하시오.

예상문제

▣ 단답형

- MMDB
- T- Tree
- XML DB
- 멀티미디어 데이터베이스
- 임베디드 데이터베이스

▣ 서술형

- XML문서를 관리하는 방안에 대해서 설명하시오.
- 공간 데이터에서 래스터와 벡터에 대해서 설명하시오.
- 임베디드 소프트웨어에 데이터베이스 구축방안 및 쿤제점에 대해서 설명하시오.

다양한 환경을 지원하는 데이터베이스 요약

　최근 금융권에서는 MMDB를 많이 사용한다. MMDB는 그 특성상 많은 부분에 활용될 수 있다. 또한 XML 쿤서의 활용도가 증가하는 만큼 XML 문서틀 관리하는 방법에 대해서 이해하기 바란다.

　그리고 최근 모바일 단말기의 출시가 급격히 증가하고 있으며 이러한 단말기에서 사용되는 임베디드 데이터베이스의 기능을 이해해야 할 것이다.

　공간정보를 표현하는 속성 데이터의 의미 및 래스터와 벡터도 같이 학습하기 바란다.

부록

세리 정보처리기술사 정규과정

1. 세리 정보처리기술사 정규과정 개요

- 정보관리기술사 및 전자계산기조직응용기술사 시험에 단기간에 합격을 위해서 초보자를 위한 과정

2. 과정 소개

과 정	비 용	구현 방법
정규과정	66만 원(VAT포함)	- 기본 이론강의, 자체 모의고사, 초급반 스터디 지원
세리스터디	66만 원(4개월 기준)	- 정규과정 수료자 대상이거나 기본시험 통과자에 한함(타 교육기관 출신자도 테스트 후 참석 가능)

3. 입과 시 혜택

- 정규과정 입과자는 www.serigisulsa.com에 정회원 승격(~2년간 유효함)
- 세미나 교재 제공: 기술사 학습에 필요한 기본교재 및 정보처리기술사 시험합격자 정리 노트, 1교시 대비용 100개 답안, 모의고사 풀이, 기출풀이, 주요 토픽 집중 설명서 등 외 다수
- 과목별 동영상 강의제공(오프라인 강의 및 온라인용 전용 콘텐츠)
- 세리 정규 모의고사 및 공개 세미나 참석권 부여: 1개월에 1~2회 실시되는 공개 세미나 부여(수치해석, SW분석/설계, 컴퓨터 구조, 최신기술 등/변화되는 주제 중심), 매월 1회 실시되는 정규 모의고사 참석권 부여
- 주간 Report: 경영과 컴퓨터, 정보과학학회지, ZDNet, DataNet 등에 연재된 주요 토픽에 대한 정리집
- 반복적 무료 재수강 실시(공식적으로는 입과 후 1년간, 비공식적으로 합격할 때까지 지원)

- 일대일 답안 컨설팅 및 수검전략 지원
- 평일 정규과정 참석자 스터디 공부 지원(기술사 참여)
- 지방 참석자를 위한 지원 서비스 실시(매년 2회 지방 세리 정규과정에 참석 가능)
- 정규과정은 오프라인과 온라인 병행 서비스 실시
- 정보시스템감리사 공부 시에 세리에서 작성한 감리사 기출풀이, 감리사 정보 제공
  (감리사 공부와 기술사 공부 병행 지원 가능)
- 스터디룸 및 합숙지원

4. 오프라인 진행 방법

회수	학습 내용		교재
1주차	수검전략	• 전체 학습 로드맵, 답안작성 방법, 커뮤니티를 통한 학습방법, 답안정리 방법, 암기방법, 최근 기술사 및 모범답안 검토	• 세리 수검전략, 100개 듣기 답안지, 기술사 정리 노트 배포
	스터디팀 구성	• 스터디조 구성 및 온-인 지도 기술사 배정, 스터디 운영방법 및 목표 공유	
	SW공학	• 소프트웨어공학 전체 아키텍처 강의	• SW공학 전체 마인드 맵
2주차	SW토픽	• 소프트웨어공학 개별 토픽 집중 학습	• SW공학 교재 및 세리노트
3주차	객체지향	• 소프트웨어 아키텍처 중심의 SW개발방법 및 실전사례(SA, UML, ORM, ISO 품질 외)	• 세리 소프트웨어 아키텍처
4주차	IT산업정보	• ISP, EA, BPR, SOA 및 IT Governance(EA 및 SOA 중심)	• 세리 EA, SOA 교재
5주차	IT산업정보	• IT산업정보 세부 토픽 학습	• 세리 IT산업정보시스템, IT산업 정보시스템 책
6주차	네트워크	• 프로토콜 중심의 네트워크	• 세리 네트워크 교재(1)
7주차	DB	• 데이터 모델링 중심의 데이터베이스	• 세리 DB교재 및 Digital Data Management 책

회수	학습 내용		교재
8주차	테크놀로지(1)	• 최신 IT기술 토픽 학습(1)	• 세리 IT테크놀로지(1)
9주차	종합시험	• 첫 주차에 배포된 50개 답안 1교시 400분 시험 (종합 FULL TEST 실시) 및 네트워크(2) 강의	• 세리 네트워크 교재(2)
10주차	테크놀로지(2)	• 최신 TI기술 토픽 학습(2)	• 세리 IT테크놀로지(2)

*기타: 세리 컴퓨터 구조, 세리 보안 교재 별도 배포(매월 공개 세미나 형식으로 강의 실시)

5. 인맥 네트워크 형상

 – 기술사 합격 이후 세리 기술사 멤버로서 대외활동 및 기존 세리 기술사회 및 최근 기술사들과 인맥 네트워크 형성

6. 스터디 장소 제공

 – 쌍용 교육센터 및 비트 컴퓨터, 세리 안국 세미나 장소 등에서 스터디 장소 제공

세리 정보처리기술사 정규과정 이점

1. 최단기간의 합격 지름길 제공

 – 6개월 만에 합격한 84/86/87회 기술사 및 많은 경험을 보유하고 있는 선배 기술사의 지원으로 최단기간 합격의 노하우 제공

2. 고품질의 정보제공 서비스

 – 기술사 정리노트, 기술사 답안 및 각 과목별 핵심교재와 모의고사 풀이, 기출풀이,

과목별 동영상 서비스, 일일 답안 컨설팅 등의 세리 기술사회의 기술사들이 최고의 서비스 제공

3. 몸으로 하는 공부

- 전략과 전술이 아니라 실천하는 공부 프로세스 제시, 매월 정규 모의고사 실시

4. 국내 최소 비용 및 합격할 때까지 서비스 지속

- 거품을 제거하기 위해서 세리 기술사들이 불필요한 운영비용을 모두 제거
- 국내 최저비용으로 타 교육기관에 비해 1/5 수준
- 또한 장기간의 공부 기간이 필요하드로 수료 후에도 지속적인 서비스 실시
- 많은 교육비를 지불한다고 최고의 서비스를 받는 것은 아니다. 세리 기술사는 직장인을 위한 국내 최저의 비용으로 국내 최고의 서비스를 제공한다.

기타 자세한 것은 www.serigisulsa.com 참조
(http://www.serigisulsa.com/?menu=seminar)
참석방법: /limhojin123@paran.com, 010- 9043- 5223으로 연락 바람(수시참석 가능).

온라인 과정	오프라인 과정	세리 스터디
목적: 전체 토픽에 대한 익숙함	목적: 기술사 학습을 위한 핵심내용 완성	신청자 대상
〈주요 내용〉 · 동영상 강의 신청 · 일일 답안 컨설팅 · 수검전략 참석 · 온라인 숙제 제출 · 기술사 서적 정독	〈주요 내용〉 · 약 3개월간 오프 강의 · 모의고사 실시 · 공개 세미나 참석 · 일일 답안 컨설팅 · 100개 답안 제시 및 FULL TEST 실시 · 스터디 팀 구성 및 스터디 시작 · 온라인 지도 기술사 배정	〈주요 내용〉 · 팀별 1인 지도 기술사 배정 · 각 팀별 전문 스터디 구성 및 실시
www.serigisulsa.com 에서 온라인으로 진행	서울 세리 강의장에서 오프라인 강의 실시	팀별 스케줄에 따른 별도 진행

1개월　　　　　약 3개월

시험 전까지
(세미나 종료 후 바로 시작)

비용: 기존 교육기관의 1/5

시험기간 대비 별도 산정(국내 최저)

세리 기술사회에서 운영하는 사이트

▨ 정보처리기술사 사이트

- http://www.serigisulsa.com

▨ www.serigisulsa.com에서 정기적으로 정보관리기술사 및 조직응용기술사 정규과
　　정 실시 및 공개 강의, 정규모의고사, 스터디를 실시

▨ 정보시스템감리사 사이트
　　– http://www.serigamrisa.com

※ 세리 기술사 커뮤니티

– http://www.seri.org/forum/gisulsa/

IT기술사(정보관리기술사/조직응용기술사/정보처리기술사),정보시스템감리사,PMP,I

세리기술사회
http://www.seri.org/forum/gisulsa/

홈 | 포럼소개 | 회원명단 | 지식마일리지

부시샵					

⊞ 공지사항 ▶ more

214	★ 23차 세리 정보처리 기술사 정규과정 모집 ★	임호진	2008.08.11	147
213	[마감][Event]제17회 세리정규모의고사참석자 모집	임호진	2008.07.10	116
212	[BigEvent]무료수검전략밍IT경영세미나모집 [1]	임호진	2008.07.09	111
211	변화된 세리 정보처리 기술사 정규과정 [2]	임호진	2008.06.25	204
210	[마감]★ 22차 세리 정보처리 기술사 정규과정 모집(7월까지 일요반 모집 중)	임호진	2008.06.21	110

부시샵
◁ 공지사항
▣ 정보처리기술사
▣ 정보처리기술사게시판
▣ 정보통신기술사
▣ 정보통신기술사게시판
▣ 정보시스템감리사
▣ 정보시스템감리사게시판
▣ 스터디 자료
▣ 토픽정보찾기
▣ 세리기술사양성과정
  - 공지사항
  - 기술사세미나과정
  - 세리기술사스터디
  - 기술사수검전략
  - 동영상 강좌
  - 답안 및 문제풀이
  - 자체 모의고사 문제
  - 기출문제
▣ 과목별자료
  - 소프트웨어공학
  - 데이터베이스
  - 보안
  - 산업정보시스템
  - 네트워크
  - 최신정보
▣ 면접 및 합격후기
▣ 세리기술사회 저서
▣ 세리 기술사 칩업
▣ 세리세미나스터디
▣ 기부 및 행사
▣ 자유넷두리

  - 내 정보 수정
  - 탈퇴

≣ 전체보기

3596	86회 전자계산 조직응용기술사 시험 강평(84회 정...	임호진	2008.09.01	32
3595	23차토요반 모집은 수요일날 마감합니다	임호진	2008.08.31	16
3594	86회 정보관리기술사 강평	임호진	2008.08.28	104
3593	VTL(조직응용기술사)	임호진	2008.08.27	61
3592	86회 정보관리 2교시험(정보시스템 모방)	임호진	2008.08.25	106
3591	86회 정보관리 및 조직응용 기출문제 원본	임호진	2008.08.25	142
3590	힘든시험을 마친 멤버들에게(김동협기술사)	임호진	2008.08.25	123
3589	같이 동참하기를 바랍니다.[5]	임호진	2008.08.22	171
3588	결전의 날을 고대하며...합격으로 보상받기 !(노현...[1]	임호진	2008.08.20	114
3587	DDOS	임호진	2008.08.19	46
3586	제18회 세리 정규 모의고사문제	임호진	2008.08.18	88
3585	디지털 포렌직스 메모[1]	임호진	2008.08.14	99
3584	[심심풀이 글]현실 이야기	임호진	2008.08.13	111
3583	데이터 품질 간략정리	임호진	2008.08.12	96
3582	★ 23차 세리 정보처리 기술사 정규과정 모집 ★	임호진	2008.08.11	30
3581	초보자를 위한 시련딕 캡과 운둡로지	임호진	2008.08.08	75
3580	IT거버넌스 첨병, ITA/EA	임호진	2008.08.07	72
3579	세리 13회 정규 모의고사 풀이집(Secure OS..	임호진	2008.08.06	80
3578	23차참석자는 기출문제해설집책선착순제공	임호진	2008.08.04	48

■ 정보처리기술사를 준비하는 누구에게나 정보를 Open하며 현재 5,100여 명이 가입되어 있는 온라인 사이트이다. 세리기술사회의 모태가 되었으며 세리기술사를 주축으로 정보처리기술사를 준비하는 데 필요한 자료들이 아무런 제약사항 없이 공개된다. 현재도 꾸준한 가입자가 증가 추세에 있으며 학습을 준비하려는 분에서부터 학습준비가 어느 정도 된 예비 기술사분들에 이르기까지 꾸준한 참여가 이루어지고 있는 사이트이다. 학습할 때 꾸준한 모니터링을 하기 바란다. 해당 사이트를 통해서 많은 정보처리기술사 분들이 합격을 위한 도움을 받았다.

세리 기술사회 저서

정보처리기술사 합격전략서

최근 합격 패러다임의 전달
- 세리기술사 합격전략 오프라인 강의 CD 제공
- 시작부터 채점 및 자격증 수령까지 전 과정의 정보 제공
- 합격 노하우 및 기술사 합격후기
- 최근 기술사들이 말하는 토픽 및 학습전략
- 실전 세리 모의고사 풀이

정보처리기술사 보안(security) 3.0

세리기술사 비공개 노하우 및 모의고사 동영상 CD 제공
- 초보자를 위한 상세한 설명과 최근 정보보호에 대한 모든 이슈 수록
- 정보처리기술사 교재를 위한 답안형태 구조 및 설명형구조 제시
- 각 주제별 키워드 제시 및 기출문제 제시
- 정보처리기술사 합격자 답안분석을 통한 최고답안 제시
- 실전 정보보안 모의고사 문제 제공

정보처리기술사 데이터베이스 3.0

세리기술사 비공개 노하우 및 모의고사 동영상 CD 제공
- 초보자를 위한 상세한 설명과 최근 정보보호에 대한 모든 이슈 수록
- 정보처리기술사 교재를 위한 답안형태 구조 및 설명형구조 제시
- 각 주제별 키워드 제시 및 기출문제 제시
- 정보처리기술사 합격자 답안분석을 통한 최고답안 제시
- 실전 정보보안 모의고사 문제 제공

정보처리기술사 기출문제 해설집 1편

- 초보자를 상세한 해설
- 기출문제 분석방법 및 준비방법 제시
- 정보처리기술사 문제풀이를 통한 예상문제 제시
- 기술사들이 제시한 기출문제를 통한 합격전략 분석
- 고득점 기술사들의 합격방법 및 합격후기

정보처리기술사 기출문제 해설집 2편

- 초보자를 상세한 해설
- 기출문제 분석방법 및 준비방법 제시
- 정보처리기술사 문제풀이를 통한 예상문제 제시
- 기술사들이 제시한 기출문제를 통한 합격전략 분석
- 고득점 기술사들의 합격방법 및 합격후기

정보처리기술사 핵심문제 해설집 1편

- 초보자를 위한 핵심 주제 상세 설명 및 답안 제시
- 정보처리기술사 수검전략 및 오프라인 동영상 제공
- 최근(86회) 기술사가 말하는 합격후기
- 4개월 만에 1% 합격률 시험에 합격하는 방법 및 조언
- 정보처리기술사 핵심문제 및 답안, 상세한 설명 제시
- 정보처리기술사 실제 답안 제시 및 본인 답안과 비교 분석

정보처리기술사 핵심문제 해설집 2편

- 초보자를 위한 핵심 주제 상세 설명 및 답안 제시
- 정보처리기술사 수검전략 및 오프라인 동영상 제공
- 최근(86회) 기술사가 말하는 합격후기
- 4개월 만에 1% 합격률 시험에 합격하는 방법 및 조언
- 정보처리기술사 핵심문제 및 답안, 상세한 설명 제시
- 정보처리기술사 실제 답안 제시 및 본인 답안과 비교
  분석

정보처리기술사 핵심문제 해설집 3편

세리기술사 비공개 노하우 및 모의고사 동영상 CD 제공
- 초보자를 위한 핵심 주제 상세 설명 및 답안 제시
- 4개월 만에 1% 합격률 시험에 합격하는 방법 및 조언
- 정보처리기술사 핵심문제 및 답안, 상세한 설명 제시
- 정보처리기술사 실제 답안 제시 및 본인 답안과 비교
  분석
- 정보처리기술사 서브노트 제공

정보시스템감리사 합격전략서

[주요 구성]
- 초보자를 위한 정보시스템감리사 합격방법 제시
- 최근 출제동향 및 출제패턴 분석
- 최단기간 합격을 위한 합격방법론
- 정보시스템감리사 기출문제 풀이
- 정보시스템감리사 예상문제 풀이
- www.serigamrisa.com 참조

데이터베이스 3.0

초 판 인 쇄	ǀ	2011년 3월 14일
초 판 발 행	ǀ	2011년 3월 14일
지 은 이	ǀ	임호진, 김명애
펴 낸 이	ǀ	채종준
펴 낸 곳	ǀ	한국학술정보㈜
주 소	ǀ	경기도 파주시 교하읍 문발리 파주출판문화정보산업단지 513- 5
전 화	ǀ	031)908- 3181(대표)
팩 스	ǀ	031)908- 3189
홈페이지	ǀ	http://ebook.kstudy.com
E- mail	ǀ	출판사업부 publish@kstudy.com
등 록	ǀ	제일산- 115호(2000.6.19)

ISBN	978- 89- 268- 1896- 1 13560 (Paper Book)
	978- 89- 268- 1897- 8 18560 (e- Book)